優渥叢書

優渥叢書

優渥叢書

一圖秒懂最強圖解Excel商用圖表

讓圖自己會說話，1秒內表達重點！

實用基礎版（上冊）

高效率！視覺圖表工作術

龍逸凡
王冰雪 ——著

CONTENTS

第3章

美、清、重，學會4大要領快速做出商務圖表 065

第4章

對比數據這樣做，一眼就能看出高下！ 087

說明：本書的圖表範本為 Excel 2016 或 2019 中的最新圖表類型，建議安裝 Excel 2019 後進行學習。

作者序 1

大數據時代，職場必備的專業商務圖表能力！

龍逸凡

在資訊時代，人們對「大數據」一詞不再陌生。數據是這個時代的重要產物，已經滲透到各行各業的每一個角落。對於任何工作崗位的職場工作者來說，數據分析是基礎能力，用數據說服他人、彙報工作更是必備能力。

但是，我在多年的財務工作和培訓過程中，發現很多人被數據「折磨」，他們不知道如何選用正確的圖表來表達數據，也不知道如何製作較複雜的圖表。另外，一些財經媒體製作的圖表也存在錯誤，不是選用的圖表類型不能準確地表達資料分析的結果，就是為了酷炫的效果製作過於花俏的圖表。

為了解決讀者工作中遇到的圖表難題，我在出版第一本書《偷懶的技術：打造財務 Excel 達人》後，將經營分析、財務分析中常用的圖表整理成了《財務分析經典圖表模板》，並將其免費分享給大家，很受大家的歡迎，因此有不少朋友來詢問有沒有更多的範本。

也有一些基礎較薄弱的朋友來詢問圖表的製作方法。基於此，我與本書的另一位作者王冰雪，經過一番討論過後，決定合作寫這本有關商務圖表的書。本書有以下幾個特色。

1. 解決讀者如何選擇圖表的問題

本書從目錄到內容都用心設計，為了方便讀者在工作時翻閱查找，目錄展示了每種圖表的核心功能，也提供了圖表選擇工具，讓初學者也能快速選擇。在介紹每種圖表時，還明列使用時機，目的是將圖表設計與實際工作深度結合，使讀者能直接將書中的案例應用到工作中。

2. 以豐富的案例逐步教學

書中的案例和圖表範本均與職場高度結合，不僅介紹了圖表製作的思路和方法，也介紹了圖表製作的步驟。

3. 突顯重點及目標，供讀者彈性運用

本書在介紹每種圖表時，都會列出「製圖目標」、「重點速記」，使讀者帶著目標學習，從而學以致用；如果讀者時間較緊湊，可以直接看「重點速記」就好。

本書歷經了較長時間才完成，從產生想法到系統研究就花費了兩年，下筆寫作則花費了一年，並在寫作過程中反覆思考，如何讓讀者在閱讀本書後既懂理念，又能動手實際操作。經過不斷修改、完善，最終完成了本書，希望它能幫助大家成為 Excel 圖表達人。

作者序 2

學會「插入圖表」，是變成商務高手的關鍵！

王冰雪

圖表是強大的數據圖形化表達工具，其設計過程並不難，人們只要從製表目標出發、理解設計思路，就能藉著圖表在職場中加分。

近年來，隨著對辦公軟體的深入研究，我陸續寫作並出版了十餘本書籍，其中至少有三本銷量可喜。在一次偶然的機會中，我認識了資深財務達人龍逸凡老師，他不僅對圖表頗有研究，還有豐富的財務經驗和培訓經驗。經過簡單交流後，發現雙方對圖表都很感興趣，也都有自己的見解。

我們的合作十分能互補：龍逸凡老師具有實際操作的經驗，知道什麼圖表更符合實際工作需求；我則擅長寫作，知道如何安排書籍內容更容易讓人看懂。

在確定本書架構時，我們對本書是否要根據圖表類型來規劃，進行了討論。圖表的類型從 Excel 的「插入圖表」對話框中就可以看出，真正能讓初學者變成高手的關鍵，是將圖表與實際工作需求結合，從製表目的出發，深度理解圖表的作用。

事實也是如此，操作步驟容易學，製作思路卻很難掌握。

在後期工作中，龍逸凡老師對待書籍內容極為嚴謹，大至目錄、章節內容，小至每個範例、配色、字體，我們都進行了多次溝通討論。每部分的內容有了初稿後，老師也會再三進行調整修改。

本書雖然是最近的兩年裡完成的，卻包含了我們過去多年的研究心得。整個成書過程讓我想起那句話——認真走過的每一步都算數！如果沒有無數日夜的積累和思考，沒有寫作過程中字字句句的斟酌，這本書無法出版。

我也將這句話送給每一位親愛的讀者，相信你們在花一些時間、多一些耐心閱讀此書後，一定能精進圖表技能，讓圖表成為你工作中有用的工具。

作者序 2　學會「插入圖表」，是變成商務高手的關鍵！

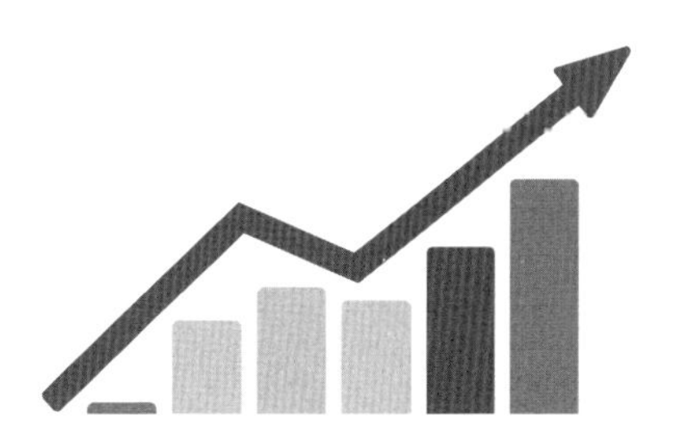

第 1 章

製作商務圖表時，你一定得懂這 3 件事

呈現數據時，圖表擅長將抽象的數據具體化。但一般人在製作時有很多盲點，我們將在本章一一進行說明。

1·1 原始數據要嚴謹：合理、完整沒有異常值

分析資料時，用文字、表格與圖表哪個好？

我們用 Excel 收集資料、整理資料，然後分析資料，最後得出分析結果。呈現分析結果的方式有三種：一是用文字來描述，二是用表格來呈現，三是用圖表來呈現。如果分析結果是大量的數字，那麼該結果必定不適合用文字來描述，否則會顯得很囉唆且不專業。例如，以下是某圖書對 1999 ～ 2010 年廣義貨幣供應量餘額的文字描述。

貨幣供應量撐起高房價

有興趣的朋友可以把下面這組廣義貨幣供應量餘額數據（全部為央行公開發布）與中國的房價對照一下，看看趨同性是否一致：1999 年為 11.76 萬億，2000 年為 13.24 萬億，2001 年為 15.28 萬億，2002 年為 18.32 萬億，2003 年為 21.92 萬億，2004 年為 25.01 萬億，2005 年為 29.6 萬億，2006 年為 34.55 萬億，2007 年為 40.34 萬億，2008 年為 47.51 萬億，2009 年為 60.62 萬億，2010 年為……

▲圖 1-1　以文字描述數據

以上的數字，用表格來呈現會簡潔許多，如圖 1-2 所示。

年份	貨幣供應量餘額	當年增加額	增幅
1999 年	11.76		
2000 年	13.24	1.48	12.6%
2001 年	15.28	2.04	15.4%
2002 年	18.32	3.04	19.9%
2003 年	21.92	3.60	19.7%
2004 年	25.01	3.09	14.1%
2005 年	29.60	4.59	18.4%
2006 年	34.55	4.95	16.7%
2007 年	40.34	5.79	16.8%
2008 年	47.51	7.17	17.8%
2009 年	60.62	13.10	27.6%
2010 年	72.58	11.97	19.7%

▲ 圖 1-2　以表格呈現數據

呈現數據時，表格擅長呈現精確的數值，而圖表擅長將抽象的數據具體化。分析結果時，除了必須讓人看到精確數據，某些無法用表格表現的訊息，建議以圖表具體呈現。這是因為表格有兩個缺點，一是無法直觀，不能使人一眼看出數據的趨勢或特點；二是沒有分析結果，只是數據的原始面貌。

若將報表直接給上司，他們得自己去比較數據的大小、分析因果關係、發現問題所在。一般來說，分析數據的目的不外乎是說明結果、分析問題、提出方案，並讓上司清楚地看到分析的結論及問題產生的原因，並提供若干個解決方案給他們選擇。

因此，我們進行分析時應精簡、有效率，儘量刪除不重要的數據，只展示重要的部份，直觀地反映其結構、差異、趨勢，而這些都不是文字和表格擅長的。

呈現大量數據的大小、對比、趨勢、結構是圖表的特長，例如，圖 1-1 及圖 1-2 的內容，若用圖表呈現，會如圖 1-3。

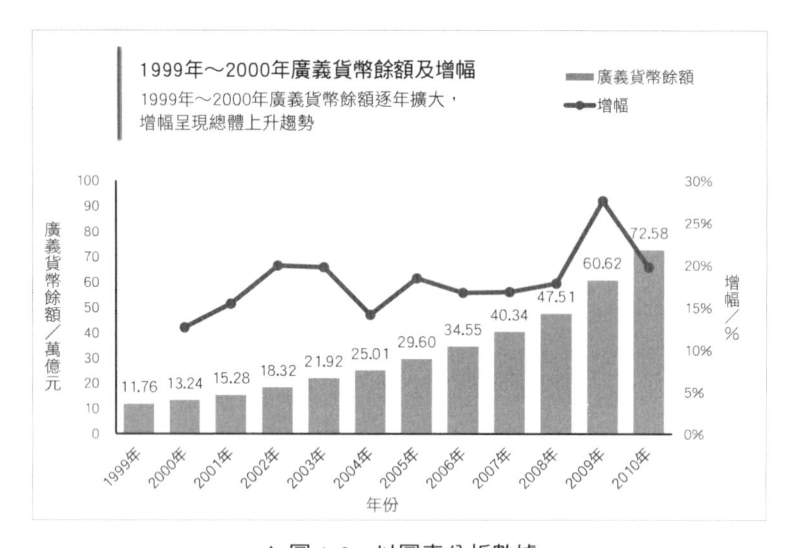

▲ 圖 1-3　以圖表分析數據

雖然圖表可以非常明顯地呈現數據的結構和特點，而且能清晰地印證分析的結果，但一般人在實際製圖時有很多盲點，我們將在本章一一進行說明。

用4個步驟，檢視原始資料是否適合製圖

圖表就是圖＋表，二者缺一不可。在設計圖表時，應先整理好數據再設計圖表，兩者的順序不可顛倒。遺憾的是，很多人在設計圖表時，將 99％的精力放在圖形設計、色彩搭配等視覺層面，忽視了原始數據的合理性，導致圖表缺乏深度，甚至成為錯誤圖表。

對於一張優秀的圖表而言，其數據一定是「量身訂製」的，即改變資料中數據的任何細節，都會減損圖表的含意與表達。一般來說，在製表時，如果按照下面 4 個步驟進行資料審視，那麼數據的合理性將大大提高。

第 1 步：檢查數據是否存在問題

圖表中的每一個元素都對應一個原始數據。因此，圖表最基本的要求是，不能存在有問題的數據。典型的問題包括數據有缺、錯誤、異常等，而解決方式如下。

● 檢查數據的完整性

初步獲得製作圖表的原始資料時，首先要思考數據是否完整、有沒有缺失。例如圖 1-4，由於缺少兩項數據，所以出現缺口，成為一張不完整的圖表。

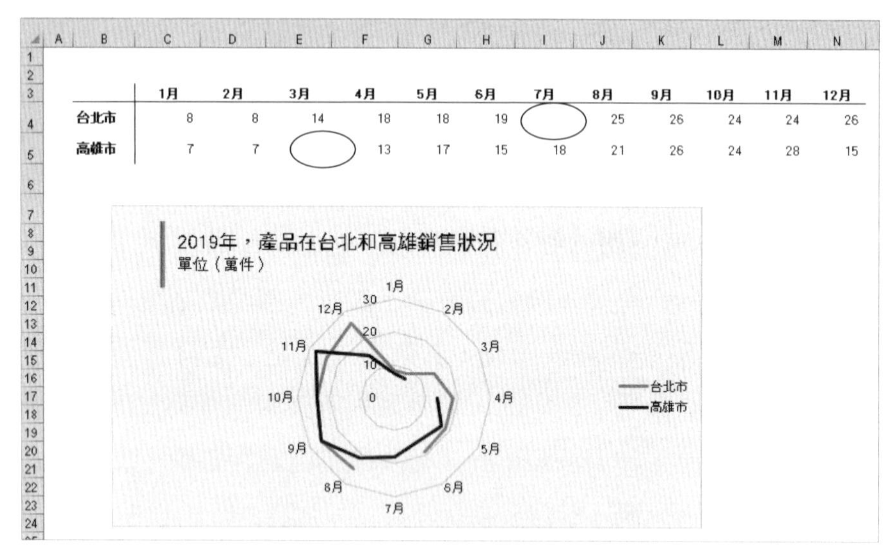

	1月	2月	3月	4月	5月	6月	7月	8月	9月	10月	11月	12月
台北市	8	8	14	18	18	19		25	26	24	24	26
高雄市	7	7		13	17	15	18	21	26	24	28	15

▲ 圖 1-4　數據缺失導致圖表不完整

● 檢查數據的正確性

在數據無缺失的前提下，檢查每個數據是否都正確無誤，必要情況下應追溯資料出處，以便核實。

例如圖 1-5 中存在兩個錯誤值：業務員小張 5 月的業績為「#N/A」，是明顯的錯誤數據，而業務員小李 7 月的業績為「-3」，這也不符合常理。正常情況下，業績可能會低至「0」，但是不可能為負數，因此負數業績應該是錯誤的數據。這兩個錯誤，使圖 1-5 成為一張參考價值非常低的圖表。

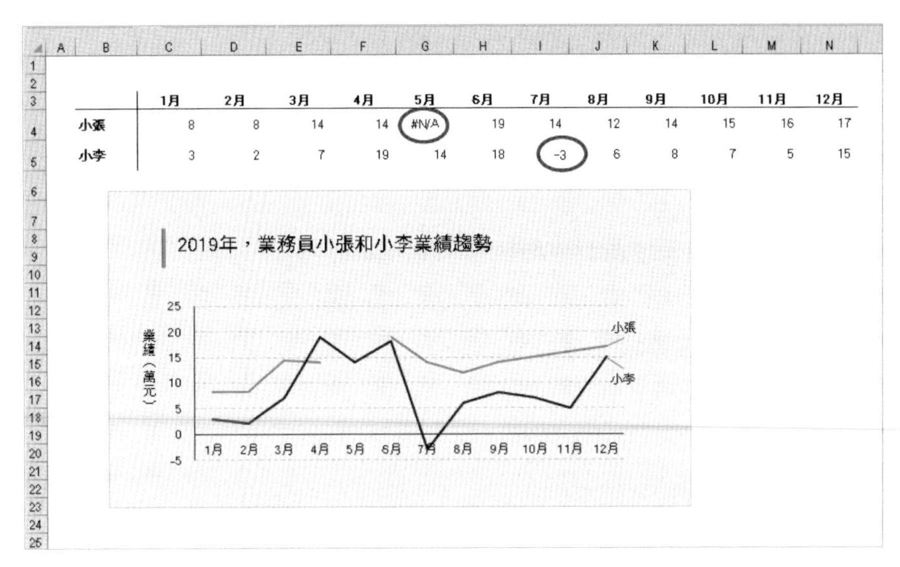

	1月	2月	3月	4月	5月	6月	7月	8月	9月	10月	11月	12月
小張	8	8	14	14	#N/A	19	14	12	14	15	16	17
小李	3	2	7	19	14	18	-3	6	8	7	5	15

▲ 圖 1-5　數據錯誤導致圖表失去參考價值

● 檢查數據的異常性

最後要檢查數據是否存在異常值。異常值是指：與平均值的偏差超過標準差的兩倍及以上的值。

發現異常值後，先思考數據是否正確，若數據為真，再思考如何在圖表中置入異常值。圖 1-6 中除了 4 月，兩個分店的月銷量均為 20 箱以下，興盛店在 4 月的銷量卻高達 180 箱。

如果確定這個數據不是錯誤的，那麼就要改變圖表的表現形式，不能如圖 1-6 直接將數據做成直條圖，導致其他月份的柱條難以辨認，而失去比較數據大小的意義。

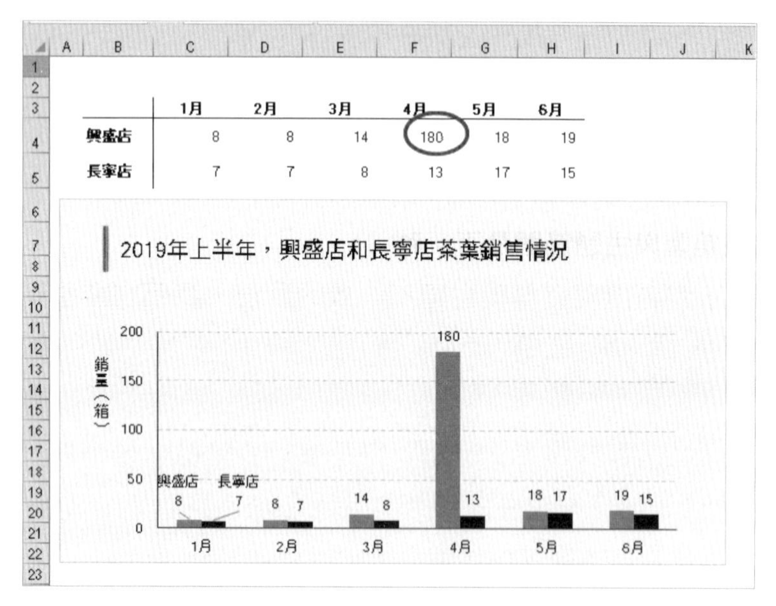

▲ 圖 1-6　數據異常導致圖表失去意義

小技巧——正確處理空值、0 值

在特殊情況下，圖表原始數據無法避免地存在「空值」或 0，我們可以設定數據的顯示方式。方法為：按一下圖表中的任何一處，點選工具列的「圖表工具—設計」➔「選取資料」➔「隱藏和空白儲存格」，接著在「隱藏和空儲存格設定」對話框中，選擇空儲存格的顯示方式，如「以線段連接資料點」。

第 2 步：檢查資料範圍是否合理

圖表資料的合理性，不僅關係到圖表與表達目標是否一致，還關係到圖表意義能否得到最好的呈現，可用以下兩個方向檢視。

● 資料範圍與主題範圍是否一致

為了避免出現資料與主題不一致的狀況，我們在審視原始資料時，應該先思考圖表要展示什麼樣的資訊，以及原始資料是否符合表達要求。

圖表標題往往就是圖表的主題。例如，一張展示「全國不同縣市的人均消費水準」的圖表標題，可以是「全國 20 個縣市人均消費水準比較」，那麼我們從主題出發，可以由如圖 1-7 所示的思路，來檢查資料範圍是否合理。

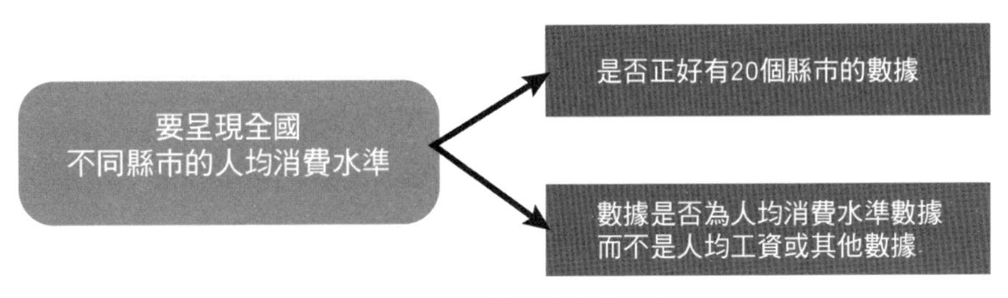

▲ 圖 1-7　由主題檢查資料範圍的思路

● 數據量是否符合所選圖表

圖表是表現數據特徵的工具，若數據不符合要求，則難以呈現其特徵。圖 1-8 是常見的 4 類圖表對數據量的要求。例如，折線圖在數據超過 6 項時，才能反映發展趨勢；若數據少於 6 項，則難以客觀反映事物發展規律。

而長條圖、散佈圖的數據都應超過 50 項，否則會導致圖表的可信度低、誤差較大。散佈圖和泡泡圖對數據維度也有要求，其中泡泡圖的 x 軸座標、y 軸座標、泡泡大小分別對應一個維度的資料。

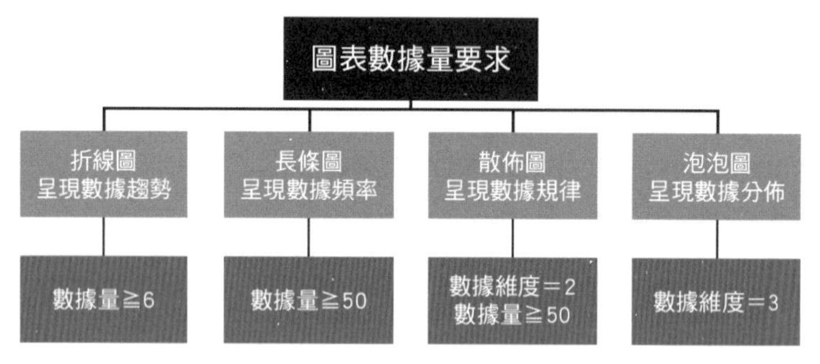

▲ 圖 1-8　常見的 4 類圖表對數據量的要求

第 3 步：檢查數據格式是否正確

製表時要特別注意數據格式，例如「數值」格式、「百分比」格式、「日期」格式。雖然我們在圖表中也可以設定數據的顯示格式，但是最好在一開始就儘量讓原始數據格式符合圖表要求。這樣能避免後期重複設定數據格式，進而提高製圖效率。

此外，數字格式不正確可能導致圖表錯誤。例如，若「日期」設定成「文字」或其他格式，圖表將無法識別「日期」數據，導致無法正確顯示。

在圖 1-9 中，百分比堆疊直條圖呈現了第 1 季中 XP-6 產品在三個分店的銷量百分比。如果原始數據是用「數值」格式而不是「百分比」格式，那麼我們在後期就需要分別設定縱座標軸、圖例的數字格式，這樣既麻煩又容易出錯。

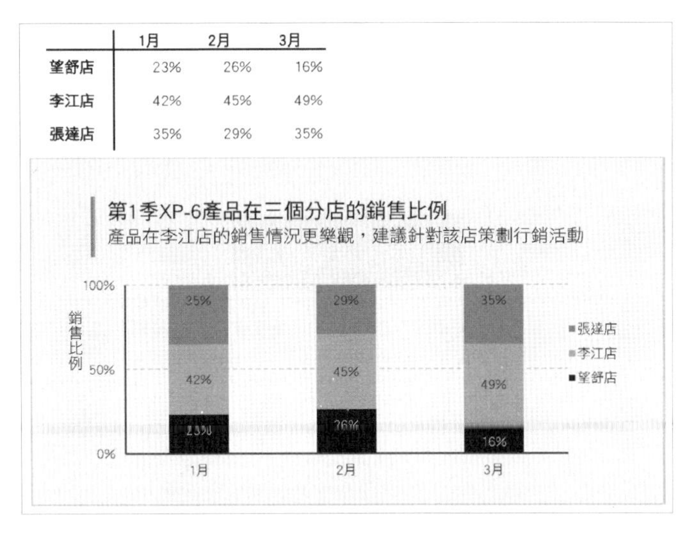

	1月	2月	3月
望舒店	23%	26%	16%
李江店	42%	45%	49%
張達店	35%	29%	35%

▲ 圖 1-9　數據格式儘量符合圖表需求

小技巧——一鍵設定數字格式

Excel 是非常人性化的工具，在設定原始數據時，不需要逐個手動修改格式。方法如下：選取欲相同格式的儲存格區域 ➔ 按右鍵選「儲存格格式」➔「數值」➔ 選擇需要的格式。例如，選擇「百分比」格式後，我們在儲存格中輸入「52」，該數字會自動變成「52%」。

第 4 步：選出數據適合的圖表類型

在 Excel 中製作圖表時，應先在儲存格中輸入數據，再選取數據做出表格。不同類型的圖表，對原始數據的形式有不同的要求，這往往導致初學者在選好數據後，無法做出理想圖表。如圖 1-10、

圖 1-11、圖 1-12 和圖 1-13，它們是 4 種不同類型的圖表的原始數據形式，各有所差異。初學者不熟悉每種圖表適合的數據是很正常的，我們在後面的章節中都會再詳細說明。

	A	B	C	D
1		系列1	系列2	系列3
2	類別1	4.3	2.4	2
3	類別2	2.5	4.4	2
4	類別3	3.5	1.8	3
5	類別4	4.5	2.8	5

▲ 圖 1-10　直條圖常用的數據形式

	A	B
1		銷售額
2	第1季	8.2
3	第2季	3.2
4	第3季	1.4
5	第4季	1.2

▲ 圖 1-11　圓形圖常用的數據形式

	A	B	C	D
1				系列1
2	分枝1	莖1	葉子1	22
3	分枝1	莖1	葉子2	12
4	分枝1	莖1	葉子3	18
5	分枝1	莖2	葉子4	87
6	分枝1	莖2	葉子5	88
7	分枝1	莖2	葉子6	17
8	分枝1	莖2	葉子7	9
9	分枝2	莖3	葉子8	25
10	分枝2	莖3	葉子9	23
11	分枝2	莖4	葉子10	24
12	分枝2	莖4	葉子11	89
13	分枝3	莖5	葉子12	16
14	分枝3	莖5	葉子13	19
15	分枝3	莖6	葉子14	86
16	分枝3	莖6	葉子15	10
17	分枝3	莖6	葉子16	11

▲ 圖 1-12　樹狀圖常用的數據形式

	A	B
1	X值	Y值
2	0.7	2.7
3	1.8	3.2
4	2.6	0.8
5	1.5	2.5
6	1.6	3.6
7	2.5	5.5
8	2.2	6.9
9	1.9	8.5
10	1.9	8.5
11	1.8	9.7
12	1.9	10.5
13	1.9	14.5
14	2.3	16.3

▲ 圖 1-13　散佈圖常用的數據形式

初學者至少要讓數據的基本形式無誤，若想製作更高級、表達力更豐富的圖表，則需要具備將資料「變形」的設計能力。

例如在設計一些特殊圖表時，我們需要對原始資料做設計，經由「變形」來做出特別的圖表效果。以直條圖為例，在一般情況下，直條圖不會分組顯示，但若能巧妙地讓資料分類排列，則可以做出分組直條圖，如圖 1-14 所示。

	A	B	C	D	E
1	業務員	時間	張小明	趙大同	劉小美
2		1月	15		
3	張小明	2月	25		
4		3月	42		
5		1月		52	
6	趙大同	2月		52	
7		3月		62	
8		1月			52
9	劉小美	2月			62
10		3月			66

↓

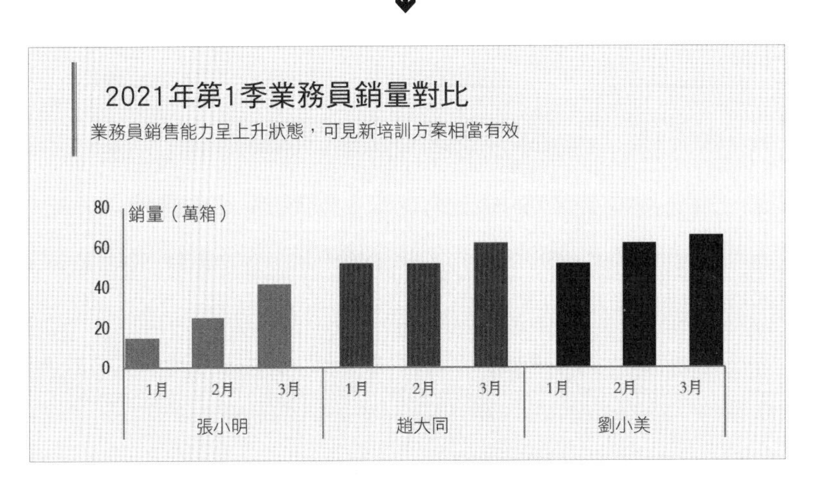

▲ 圖 1-14　「變形」原始資料後的圖表效果

1·2 學會將資料「加工」：讓散亂的數據變實用

如果原始資料有很多問題，如太雜亂、有多餘數據。我們可用 Excel 的功能快速整理資料，這個過程便是「資料加工過程」。加工後的資料，能讓圖表的重點更加明確。下面來看看三種使用頻率較高，且簡單易學的資料處理方法。

將資料排序——有利於數據對比

在製作直條圖、橫條圖、圓形圖這類數據對比型圖表時，應事先把資料排序。這可使圖表更加清晰、有規律地顯示數據特徵，讓讀者一目了然看到重點。不過也有例外情況，當對分類有特殊順序要求時，如固定的職位順序、商品名稱順序，製作者不應只對數據進行排序處理。

在 Excel 中進行資料排序的方法主要有兩種，即簡單排序及自訂排序。

1. 簡單排序

指根據單一條件對資料進行排序的方法，如圖 1-15 所示，步驟如下。

製圖步驟

① 選取需要排序的資料欄位。

② 按一下「資料」選項下的「排序」，再選擇需要的排序方式。

如按一下「降冪」按鈕，就可快速讓銷量從大到小進行排序。

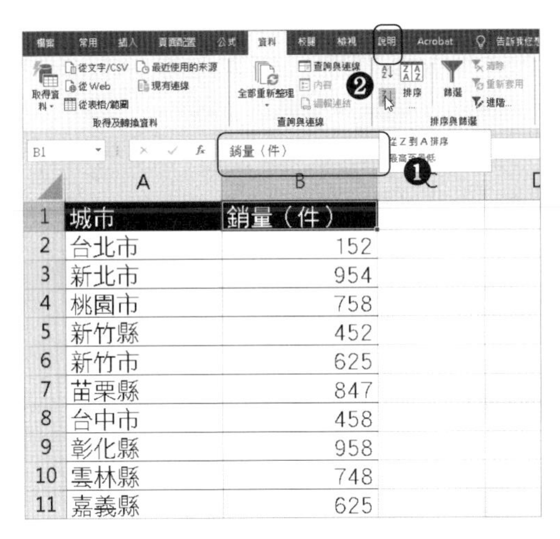

▲ 圖 1-15　簡單排序步驟

2. 自訂排序

是指按照特定的條件對資料進行排序的方法，可同時進行多項條件排序、特定文字順序排序等效果，該方法如圖 1-16 所示。

製圖步驟

① 選取需要排序的儲存格。

② 按一下「資料」選項下的「排序」。

③ 在「排序」對話框設定條件。圖 1-16 中設定的條件是，先按照

「李美玉，張小明，趙大同」的順序排序，然後再對每位業務的銷量進行「升冪」排序。

④ 按一下「確定」按鈕，資料就能按照設定的條件進行排序了。

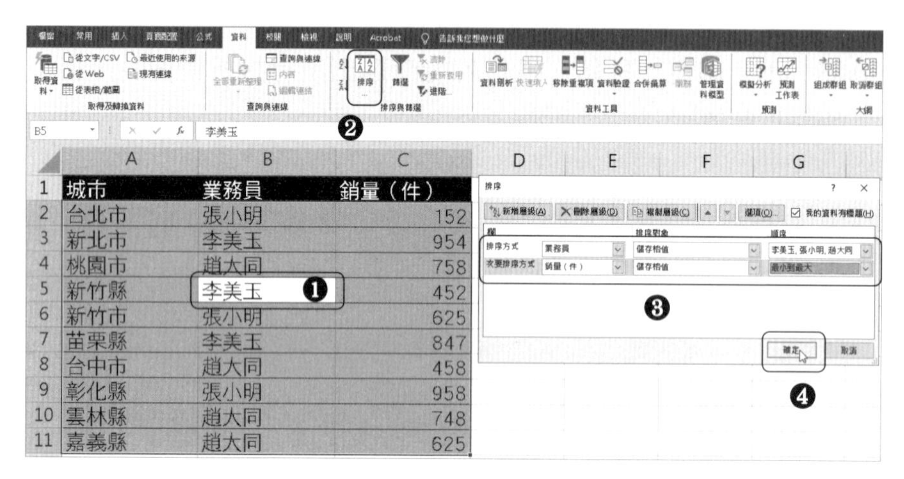

▲ 圖 1-16　自訂排序步驟

將資料篩選——去掉干擾的數據

一張圖表最好只強調一個重點，製圖者應圍繞這個重點，把不需要的資料去掉，僅留下與圖表主題相關者。在 Excel 中篩選資料的方法有三種，分別是簡單篩選、自訂篩選、進階篩選。

1. 簡單篩選

只需要增加「篩選」按鈕，就可以選擇條件來快速篩選。步驟如圖 1-17 所示。

製圖步驟

① 選取資料儲存格，點選工具列上的「資料」➔「排序和篩選」➔ 選擇「篩選」選項，就能增加「篩選」按鈕。

② 選擇篩選條件，圖中所選擇為「否」。

③ 按一下「確定」按鈕。這樣就能篩選出所有打折情況為「否」的商品數據。

▲ 圖 1-17　簡單篩選步驟

2. 自訂篩選

以下舉例設定兩個條件來篩選資料的情況，步驟如下。

製圖步驟

Step 1 打開「自訂篩選」對話框，如圖 1-18 所示。

① 按一下「銷量（件）」儲存格的「篩選」按鈕。

② 因為銷量是數據，所以下拉表單中會出現「數字篩選」選項，按一下這個選項。

③ 點選「自訂篩選」。

Step 2 設定篩選條件，如圖 1-19 所示。

① 在對話框中設定篩選條件，圖 1-19 中的條件為「篩選出銷量小於 200 或大於 500 者」。

② 按一下「確定」按鈕，就能篩選出符合條件的銷量。

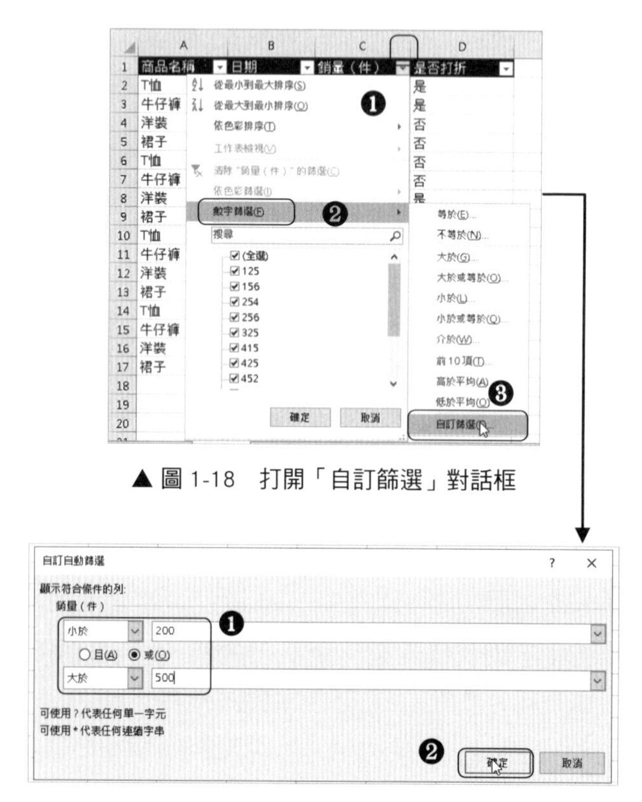

▲ 圖 1-18　打開「自訂篩選」對話框

▲ 圖 1-19　設定篩選條件

3. 進階篩選

當簡單篩選和自訂篩選不能滿足需求時，我們需要運用進階篩選。這種篩選方法是，在空白儲存格中依特殊需求設定篩選條件，再根據條件做出篩選，方法如下。

製圖步驟

Step 1 打開「進階篩選」對話方塊，如圖 1-20 所示。

① 在空白儲存格中，輸入進階篩選條件如圖 1-20，其條件為「篩選出銷量大於 400 且沒有打折的洋裝商品數據」。

② 按一下「篩選」選項下的「進階」按鈕。

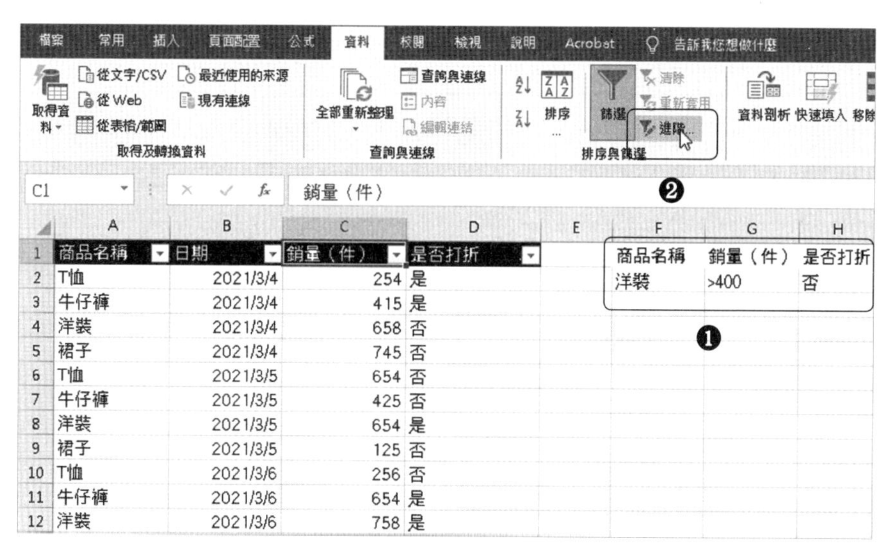

▲ 圖 1-20　打開進階篩選選單

Step 2 完成進階篩選，如圖 1-21 所示。

① 在打開的「進階篩選」選單中，設定「資料範圍」為要篩選的大範圍，設定「準測範圍」為 Step1 設定的進階篩選範圍。

② 按一下「確定」按鈕。這樣就可以將符合這三個條件的數據篩選出來了。

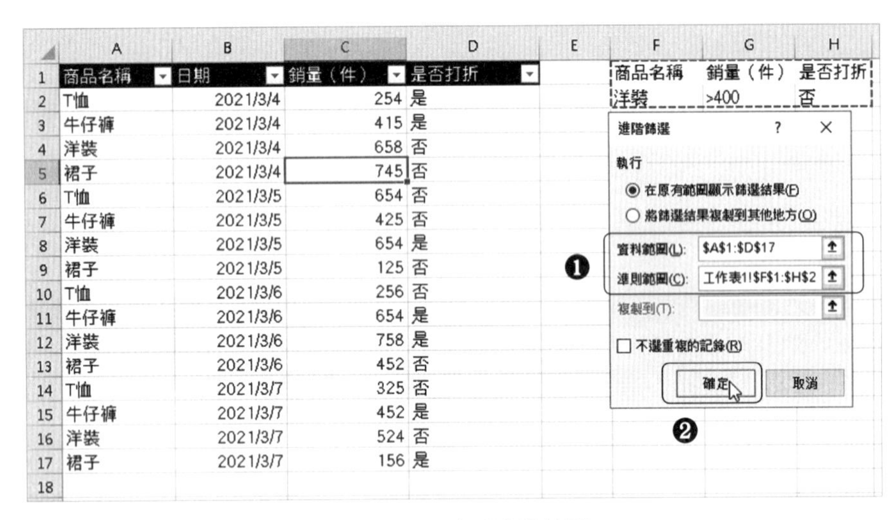

	A	B	C	D
1	商品名稱	日期	銷量（件）	是否打折
2	T恤	2021/3/4	254	是
3	牛仔褲	2021/3/4	415	是
4	洋裝	2021/3/4	658	否
5	裙子	2021/3/4	745	否
6	T恤	2021/3/5	654	否
7	牛仔褲	2021/3/5	425	否
8	洋裝	2021/3/5	654	是
9	裙子	2021/3/5	125	否
10	T恤	2021/3/6	256	否
11	牛仔褲	2021/3/6	654	是
12	洋裝	2021/3/6	758	是
13	裙子	2021/3/6	452	否
14	T恤	2021/3/7	325	否
15	牛仔褲	2021/3/7	452	是
16	洋裝	2021/3/7	524	否
17	裙子	2021/3/7	156	是
18				

F	G	H
商品名稱	銷量（件）	是否打折
洋裝	>400	否

▲ 圖 1-21　完成進階篩選

小技巧——玩轉進階篩選

篩選的關鍵，在於條件的精準設定。條件可以在任意空白的儲存格中輸入，但是要注意以下事項。

1. 條件的名稱一定要和原始表格一模一樣。例如，原始表格中的名稱是「銷量（件）」，那麼篩選條件的名稱，就不能只是「銷量」。雖然字面上意思差不多，但一字之差對

Excel 此軟體而言，就是指不同的對象。

2. 在名稱下方的條件，在同一行表示「與」，即要篩選出所有滿足條件的數據；條件在不同行表示「或」，即要篩選出滿足其中一個條件的數據。

資料統計——讓數據顯得精鍊

原始資料往往比較雜亂，若直接拿來製表，可能會使圖表因資訊太多而無法表現出重點。面對這種雜亂的資料，我們可以先做整理讓它更精鍊。

我們在整理資料時，如果只需要對數據進行簡單加總，可以使用「小計」功能；如果要統計的步驟較複雜，則需要用到「樞紐分析表」這個功能。

1. 將數據分類後加總

此功能可按照指定的關鍵字，對數據進行加總。例如，原始資料包括不同商品在不同日期下的銷量時，若需要用圖表呈現這幾種商品在相同日期內的總銷量對比，應先合計各商品的總銷量再製圖，方法如下。

製圖步驟

Step 1 把資料進行排序。這是使用小計功能前的關鍵動作，目的是將相同的關鍵字排列在一起，避免產生多個分類結果，如圖 1-22 所示。

① 選取要排序的資料名稱，圖中為 A1 儲存格，按一下滑鼠右鍵。

② 選擇「排序」。

③ 選擇任何一種排序方式，都可將關鍵字排列到一起。

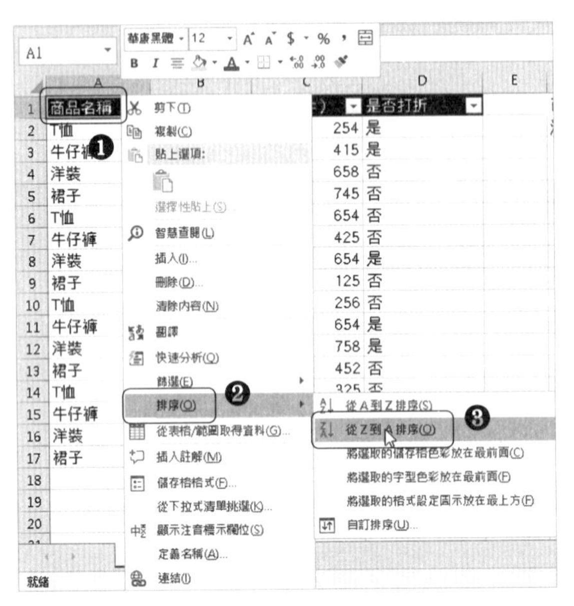

▲ 圖 1-22 對資料進行排序

Step 2 打開「小計」對話框，如圖 1-23 所示。

① 選擇任意一個儲存格。

② 按一下「資料」選單下的「大綱」，再點選「小計」。

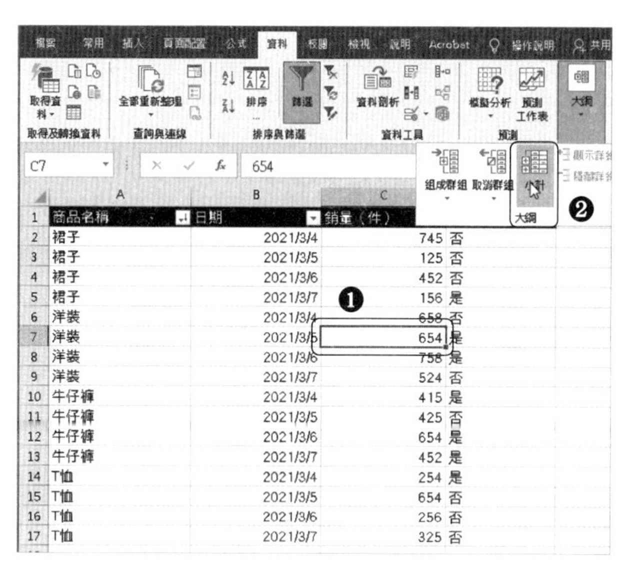

▲ 圖 1-23　打開小計對話框

Step 3 設定小計條件，如圖 1-24 所示。

①「分組小計欄位」下選擇「商品名稱」，表示要以「商品名稱」為關鍵字進行分類加總。

② 將「使用函數」設定為「加總」。

③ 將「新增小計位置」設定為「銷量（件）」，表示要合計銷量。

④ 按一下「確定」按鈕。

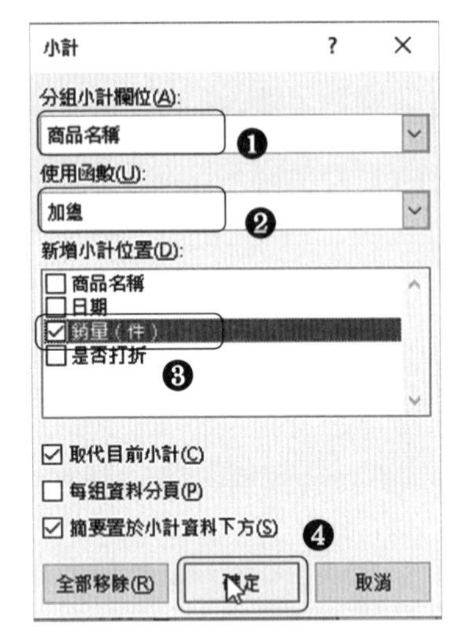

▲ 圖 1-24　設定小計條件

最終的加總結果如圖 1-25 所示。可快速得到不同商品的總銷量，在製作圖表時，只需要取這些加總結果的數字。

	A	B	C	D
1	商品名稱	日期	銷量（件）	是否打折
2	裙子	2021/3/4	745	否
3	裙子	2021/3/5	125	否
4	裙子	2021/3/6	452	否
5	裙子	2021/3/7	156	是
6	裙子 合計		1478	
7	洋裝	2021/3/4	658	否
8	洋裝	2021/3/5	654	是
9	洋裝	2021/3/6	758	是
10	洋裝	2021/3/7	524	否
11	洋裝 合計		2594	
12	牛仔褲	2021/3/4	415	是
13	牛仔褲	2021/3/5	425	否
14	牛仔褲	2021/3/6	654	是
15	牛仔褲	2021/3/7	452	是
16	牛仔褲 合計		1946	
17	T恤	2021/3/4	254	是
18	T恤	2021/3/5	654	否
19	T恤	2021/3/6	256	否
20	T恤	2021/3/7	325	否
21	T恤 合計		1489	
22	總計		7507	

▲ 圖 1-25　最終加總結果

2. 使用「樞紐分析表」功能

這是一項強大的工具，可以完成靈活、複雜的資料統計，步驟如下。

製圖步驟

Step 1 建立樞紐分析表，如圖 1-26 所示。

① 選取儲存格。

② 按一下工具列「插入」下的「樞紐分析表」按鈕。

③ 在「建立樞紐分析表」對話框中，選擇要統計的資料範圍，和放置樞紐分析表的位置。當資料比較複雜時，建議在新工作表中建立樞紐分析表。

④ 按一下「確定」按鈕。

▲ 圖 1-26　建立樞紐分析表

Step 2 設定樞紐分析表欄位。在樞紐分析表建立好後，應選擇要統計的項目，並設定統計方式，如圖 1-27 所示。

① 選擇要統計的項目。圖 1-27 表示要根據商品名稱，加總不同打折情況下的銷量。

② 設定欄位位置，即設定加總方式。在圖 1-27 中，欄位位置設定為「加總・銷量（件）」。

當樞紐分析表的設定完成後，加總結果就出來了，如圖 1-28 所示。此時，樞紐分析表已快速加總出不同商品，在不同打折情況下的銷量。若以此簡潔的數據製作圖表，可直接看到打折對商品銷量的影響。

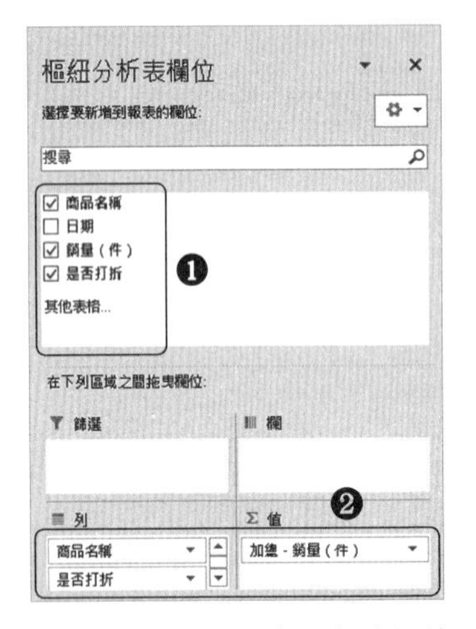

▲ 圖 1-27　設定樞紐分析表欄位

G	H
列標籤	加總 - 銷量（件）
⊟T恤	1489
否	1235
是	254
⊟牛仔褲	1946
否	425
是	1521
⊟洋裝	2594
否	1182
是	1412
⊟裙子	1478
否	1322
是	156
總計	7507

▲ 圖 1-28　加總結果

Step 3 重新設定「樞紐分析表欄位」。如果不需要前面步驟中的加總結果，那麼可重新設定樞紐分析表欄位，來得到新的加總結果，如圖 1-29 所示。

① 選擇要統計的項目。

② 設定加總方式，圖中表示要依照日期加總不同商品的銷量。

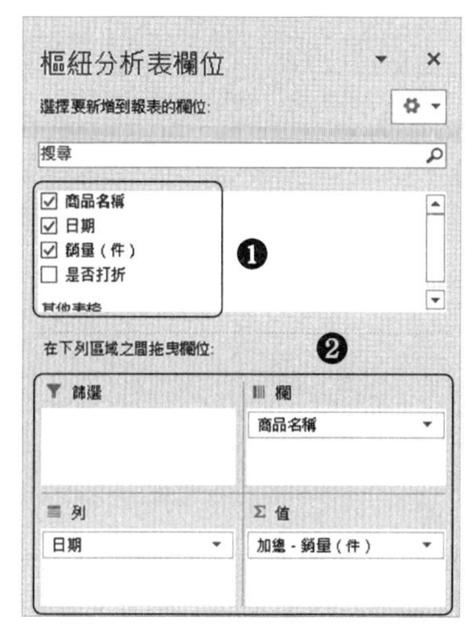

▲ 圖 1-29　重新設定樞紐分析表欄位

完成樞紐分析表設定後，新的加總結果如圖 1-30 所示，快速得到不同日期下不同商品的銷量及總銷量資料。利用第 7 行的總計數據，可製作出「相同時段內不同商品」的總銷量對比圖；利用 L 列的總計資料，可製作出「不同日期下所有商品」的總銷量對比圖。

	G	H	I	J	K	L
1	加總 - 銷量（件）	欄標籤				
2	列標籤	T恤	牛仔褲	洋裝	裙子	總計
3	2021/3/4	254	415	658	745	2072
4	2021/3/5	654	425	654	125	1858
5	2021/3/6	256	654	758	452	2120
6	2021/3/7	325	452	524	156	1457
7	總計	1489	1946	2594	1478	7507
8						

▲ 圖 1-30　新的統計結果

1·3 掌握圖表的特點：才能完美傳達訊息

Excel 提供了 15 種類型的圖表，每種類型又細分為 1 ～ 7 種。如此多的圖表類型讓人難以抉擇。更何況有些圖表很相似，如直條圖和橫條圖相似度很高，難免令新手困惑。

避免選擇「無法表達資料」的類型

圖表類型選擇錯誤，會導致圖表無法有效傳達資訊，或使讀者看不到重點。其實不只初學者，就連製表風格嚴謹的《經濟學人》雜誌，也犯過圖表類型選擇的錯誤，如圖 1-31 所示。該雜誌一開始選擇了折線圖，來表示人們對歐盟公投結果的態度，上下不斷波

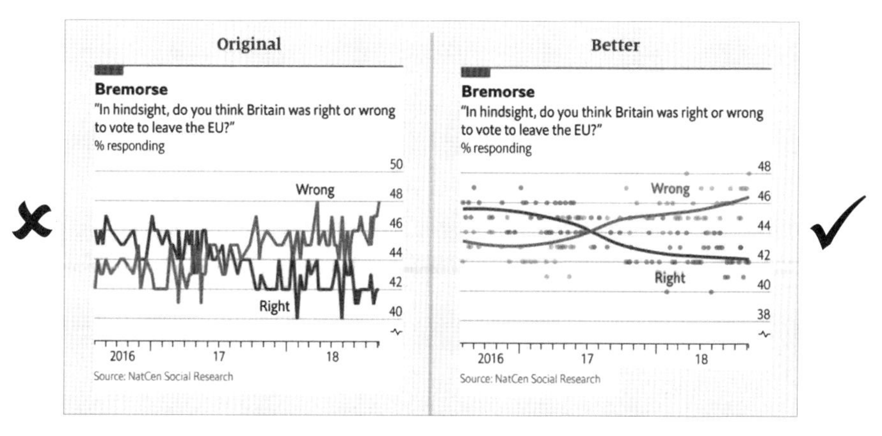

▲ 圖 1-31　折線圖 vs 散佈圖的效果對比

動的折線，讓讀者覺得人們的態度搖擺不定。但是將圖表類型換成散佈圖後，就可以明顯看出人們態度變化的趨勢了。

一般人選擇圖表，更容易犯類似的錯誤，如圖 1-32 所示。製表者想呈現各產品銷量的對比，但是各產品銷量比例差不多的狀況下，用圓形圖很難表現出銷量高低。將圓形圖換成直條圖後，立刻就能看出銷量比例的高低了。

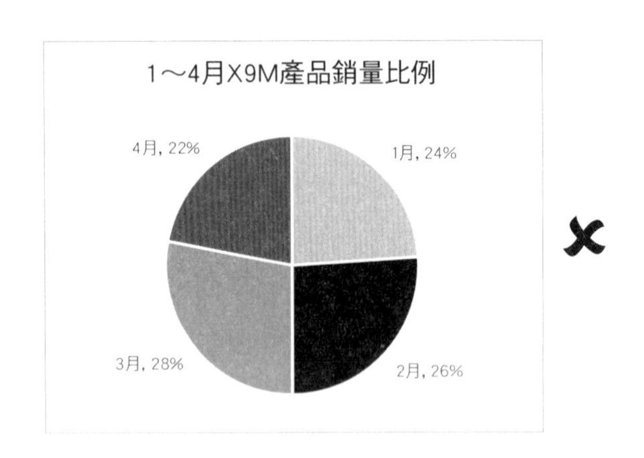

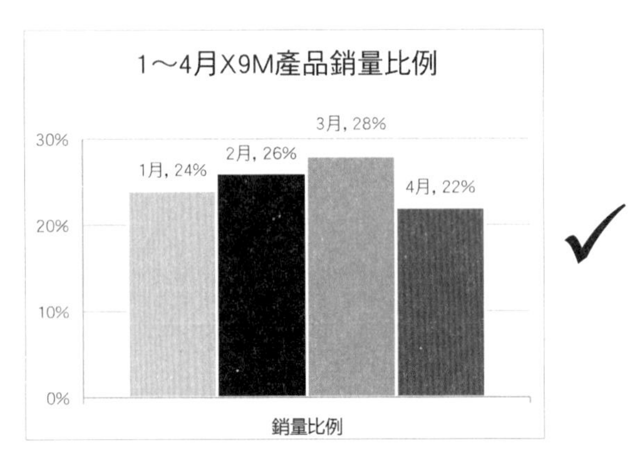

▲ 圖 1-32　比例相近且需對比的數據，不適用圓形圖

避免選擇「資料與圖表脫節」的類型

除了上面這種無法表達資料意義的圖表之外，人們還可能在不考慮資料屬性的前提下，直接選擇一種看起來能「放上文字」的圖表，導致圖表與資料脫節。

雖然圖 1-33 中的圓形圖告訴了讀者高薪的職業和行業類別，但是各項的面積相同。而圓形圖是以各扇形面積來區別比例，因此在各職業和行業的月薪不相同的條件下，不能用相同的扇形面積來表示。

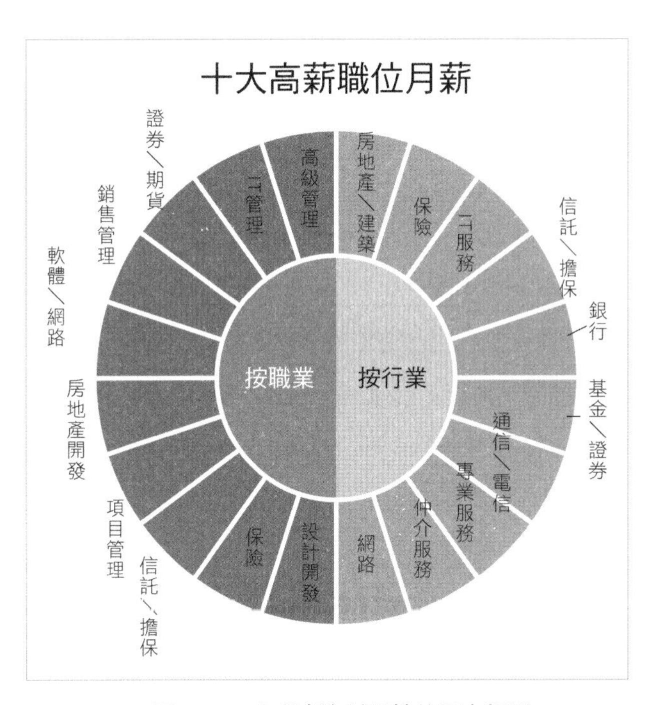

▲ 圖 1-33　未考慮資料屬性的圖表類型

無論是專業的圖表編輯還是一般人，都會不小心選錯圖表類型，那麼如何才能正確選擇呢？這也是本書要解決的問題，其核心思路是從圖表的本質出發。讀者可以先了解如圖 1-34 所示的思路，然後帶著這樣的思路閱讀本書後面的內容，學習起來一定會事半功倍。

若要正確選擇圖表，一般人會先試著了解各類圖表的作用。但是 Excel 有幾十種圖表，若要一一了解它們，會花費許多時間，而且學完還可能很快就忘記。因此如果我們從圖表的本質出發，對圖表進行大致劃分，就可以在短時間內掌握選擇圖表的基本方法。

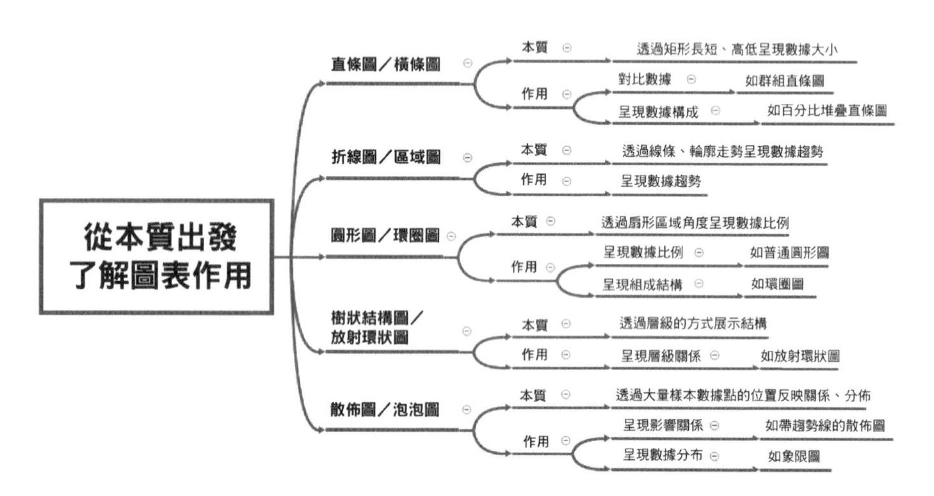

▲ 圖 1-34　選擇圖表的基本思路

第 2 章

快、狠、準，選出圖表類型客戶一看就滿意

正確選擇圖表類型，是製作Excel圖表時至關重要的第一步。根據製表目的來選擇，數據能更清楚呈現，選擇上也會比較容易。

2-1 做對比數據時，用直條圖和橫條圖讓客戶一目了然

Excel 提供了常用的 15 種圖表大類，如圖 2-1 所示，其下又可細分許多小類。

面對這幾十種圖表，許多人都有「選擇障礙」，這時不妨拋開圖表類型，專注於使用圖表的目的。

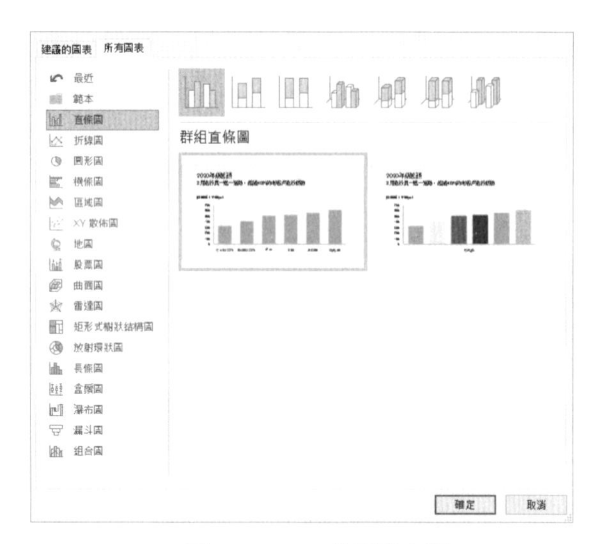

▲ 圖 2-1　Excel 的圖表大類

對比數據是圖表常用的功能之一，下面先介紹對比數據時選擇圖表的方法，將基本理念裝入腦海後，再學習第 4 章的具體製作方法，會使效率倍增。

單純對比數據的大小時

在圖表大類中，「群組直條圖」和「群組橫條圖」，是對比數據大小的首選。這兩類圖表以水平或垂直的柱條長短，表現出數據大小。通常我們所說的直條圖和橫條圖，指的就是這兩種圖表。

群組直條圖和群組橫條圖可以輕鬆呈現一組、兩組或三組數據的大小對比，如圖 2-2 到圖 2-5 所示。

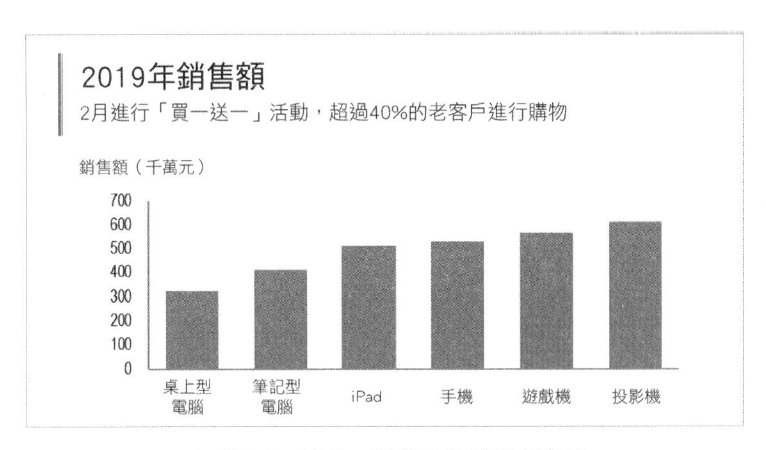

▲ 圖 2-2　對比一組數據的群組直條圖

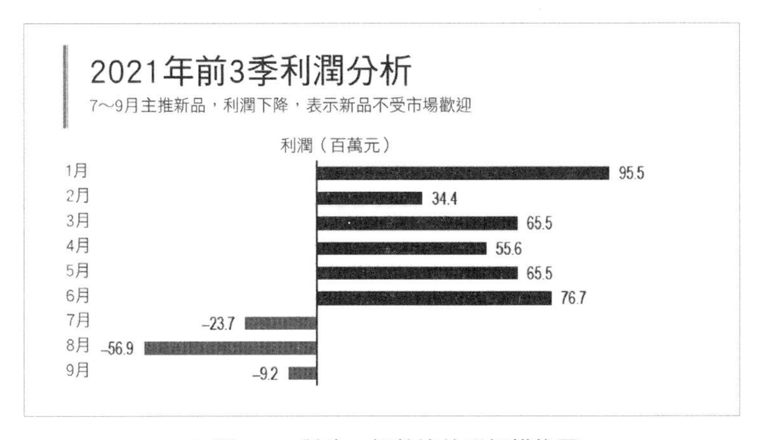

▲ 圖 2-3　對比一組數據的群組橫條圖

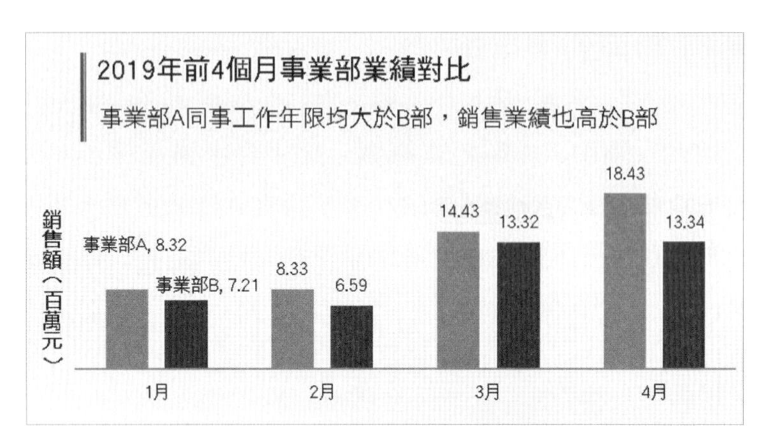

▲ 圖 2-4　對比兩組數據的群組直條圖

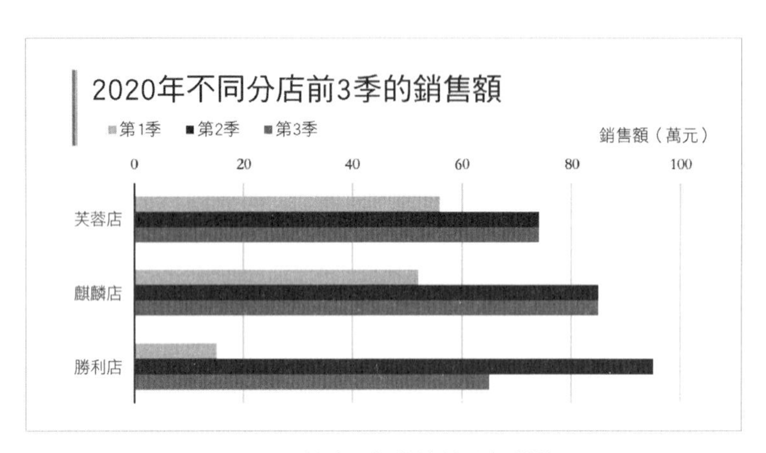

▲ 圖 2-5　對比三組數據的群組橫條圖

需要同時對比總量與個別分量時

對比數據時，常常需要同時對比總量與分量。若選擇一般的直條圖或橫條圖，得清楚標示哪個柱條代表總量、哪個柱條代表分量，如圖 2-6 所示。想讓總量與分量的對比效果更明顯，圖 2-7 所示的直條圖是不錯的選擇。

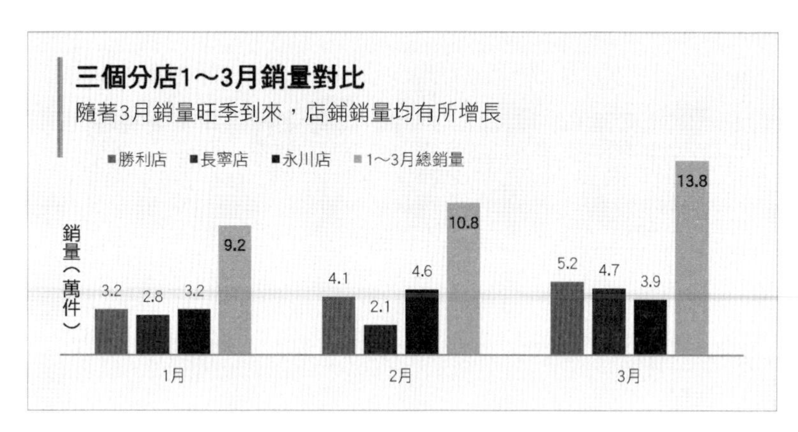

▲ 圖 2-6　在直條圖中增加總量

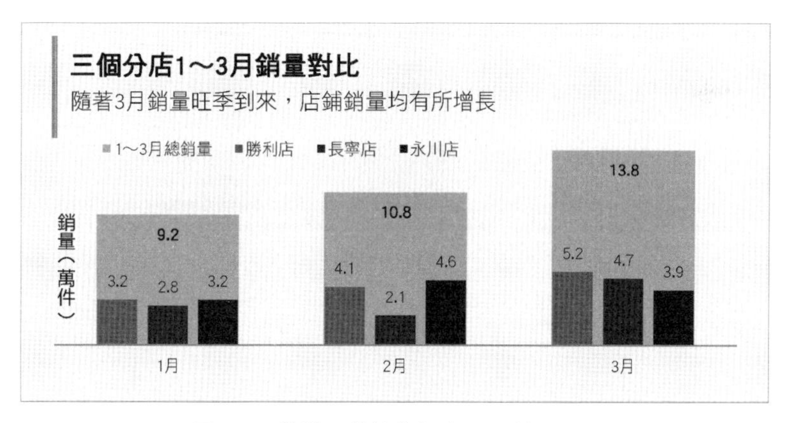

▲ 圖 2-7　將總量的柱條加寬，置於分量下層

如果還想進一步呈現這些分量是如何堆疊、累加形成總量的，如圖 2-8 所示的堆疊直條圖或如圖 2-9 所示的混合堆疊直條圖，是不錯的選擇。

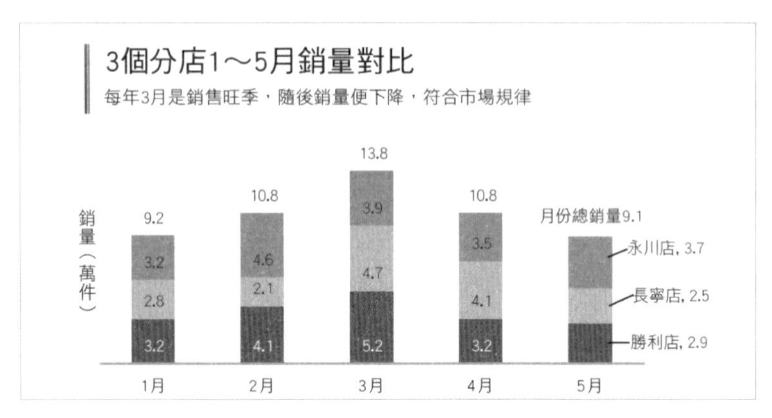

▲ 圖 2-8　對比總量與分量的堆疊直條圖

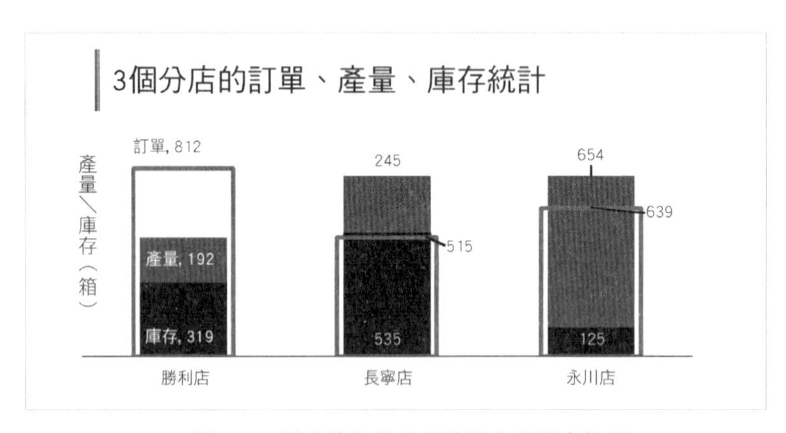

▲ 圖 2-9　對比總量與分量的混合堆疊直條圖

對比數據的不同維度時

當數據對比的重點為不同維度時，大小已經不再是首要表達目標，在這種情況下，雷達圖是不錯的選擇，如圖 2-10 和圖 2-11

所示，2 位候選人在不同能力上的評分對比，可經由雷達圖呈現。後者由於有填滿顏色，更能清楚看出各項能力的對比狀況。

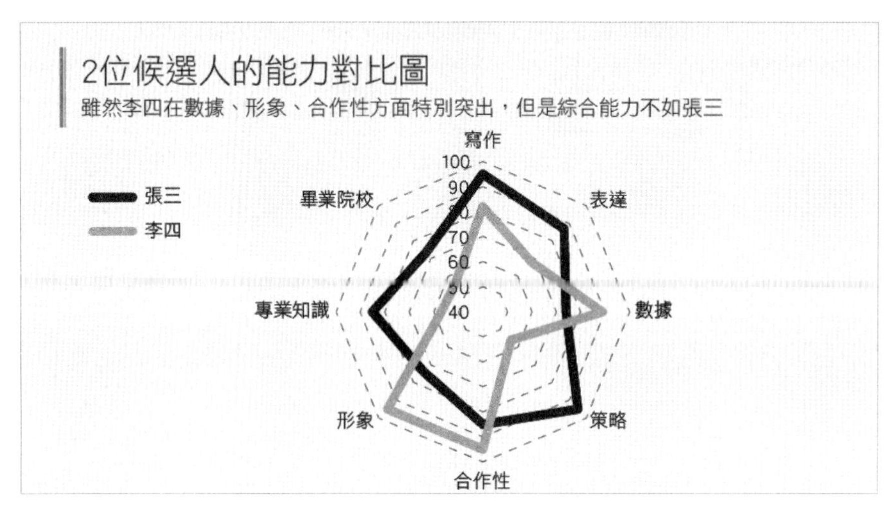

▲ 圖 2-10　無填滿色的雷達圖

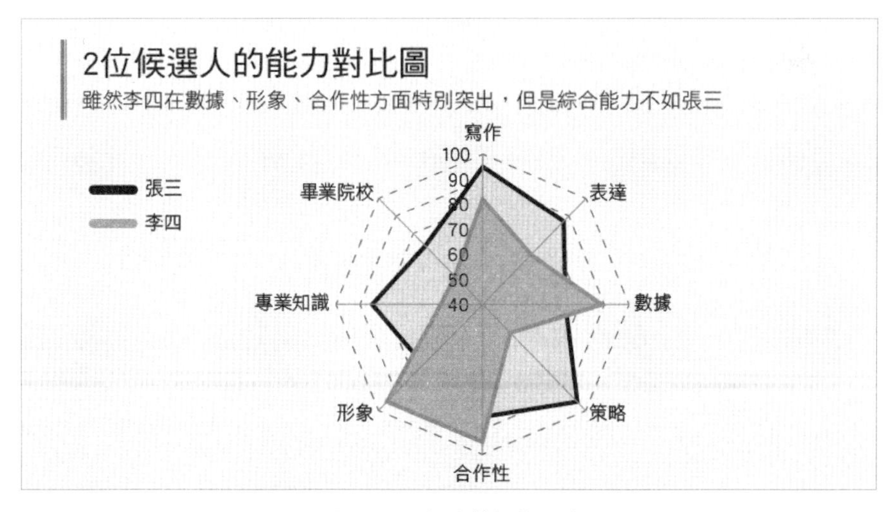

▲ 圖 2-11　有填滿色的雷達圖

2-2 分析趨勢時，選折線圖讓老闆知道未來走向

趨勢類圖表，可分析某筆資料在一段連續時段內的發展趨勢，並推測出未來規律。下面介紹趨勢類圖表的選擇方法，更多內容請參閱第 5 章。

單純呈現資料趨勢時

折線圖是最適合用來呈現資料趨勢的圖表，以線條的走勢能直接看出數據的波動規律。圖 2-12 中的折線圖呈現了 2 個分店的營業額變化趨勢。當比較數據超過 3 項時，折線圖中的折線可以拆開，以呈現不同數據的趨勢變化，如圖 2-13 所示。

▲ 圖 2-12　呈現數據趨勢的折線圖

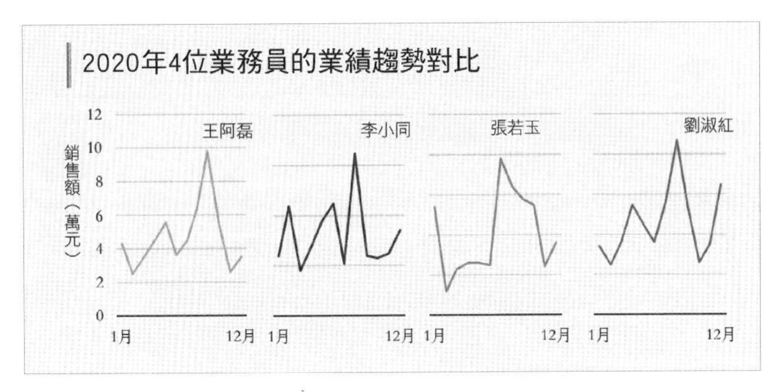

▲ 圖 2-13　呈現多項數據趨勢的折線圖

能看出平均值的趨勢圖

當趨勢圖需要呈現數據的平均值時，可在圖中增加平均線，效果如圖 2-14 和圖 2-15 所示。

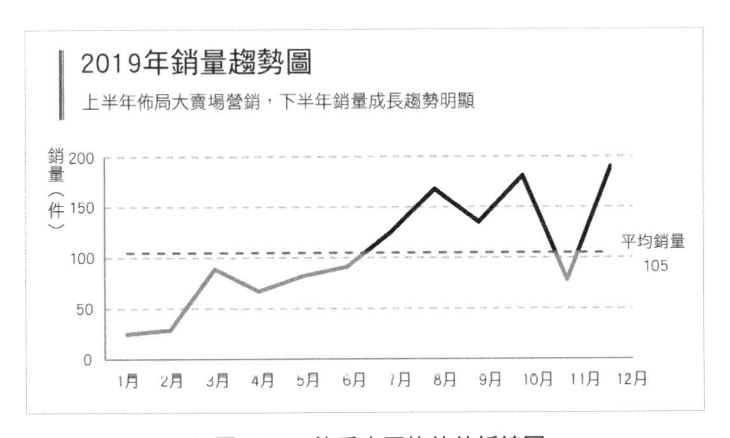

▲ 圖 2-14　能看出平均值的折線圖

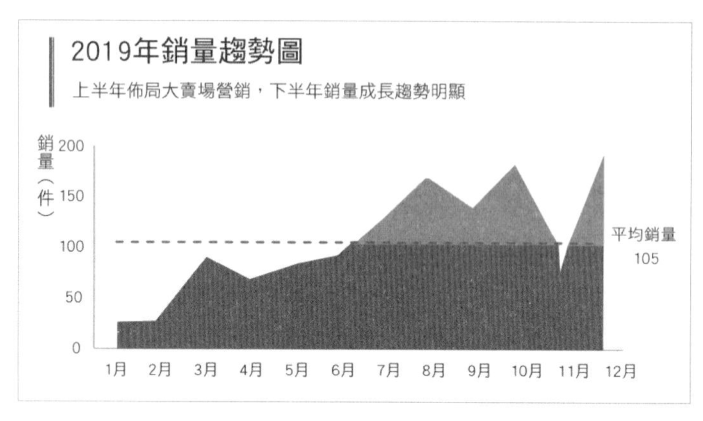

▲ 圖 2-15　能看出平均值的區域圖

2·3 看組成結構時，用圓形和環圈圖就能一眼看出占比

分析整體是由哪些項目構成的，以及不同項目占整體的百分比是多少時，可用下面介紹的組成結構類圖，具體的步驟請參閱第 6 章。

呈現一組數據的百分比時

圓形圖和環圈圖都是呈現百分比結構的首選。它們的特點是用首尾相連的圓或環圈代表 100%，整體性非常強。能由扇形大小和環圈分段，直接看出這組數據中不同項目所占的比例，如圖 2-16 和圖 2-17 所示。

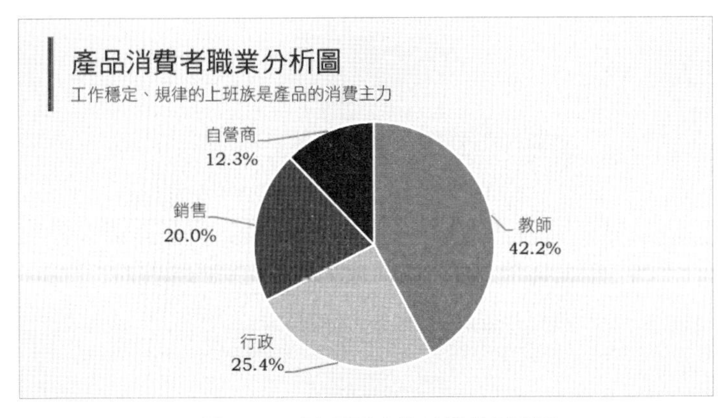

▲圖 2-16　呈現百分比結構的圓形圖

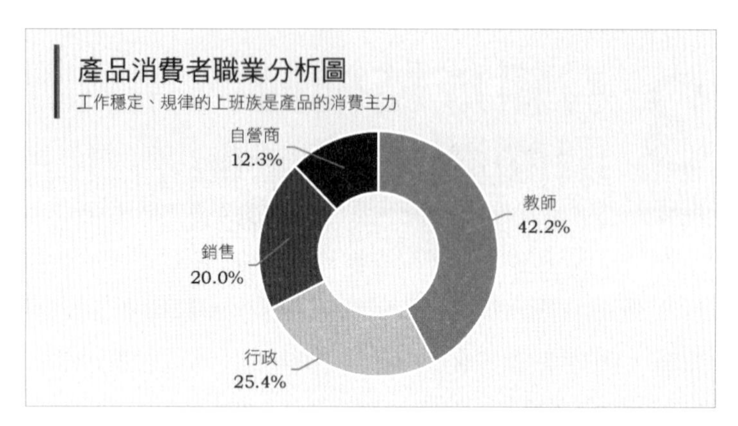

▲ 圖 2-17　呈現百分比結構的環圈圖

呈現一組數據的細項占比時

呈現一組數據的百分比結構時，若要再進一步說明其中一項的結構，可使用子母圓形圖或複合條圓形圖，如圖 2-18 和圖 2-19 所示。

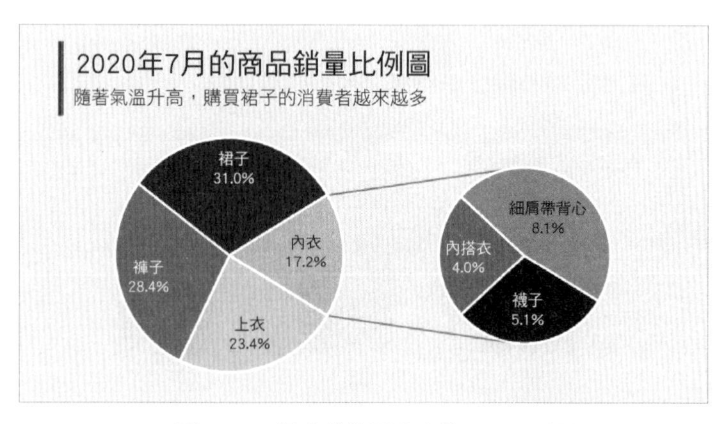

▲ 圖 2-18　細分數據百分比的子母圓形圖

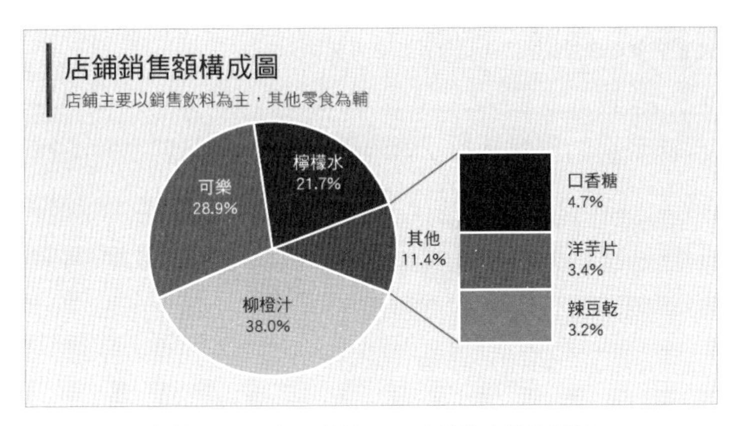

▲ 圖 2-19　細分數據百分比的複合條圓形圖

呈現多組數據的分項占比時

圓形圖雖然適合呈現數據結構，但不擅長呈現「多組數據」的百分比結構。而百分比堆疊直條圖或百分比堆疊橫條圖，可以清晰地表現出多組數據的占比，如圖 2-20 所示。

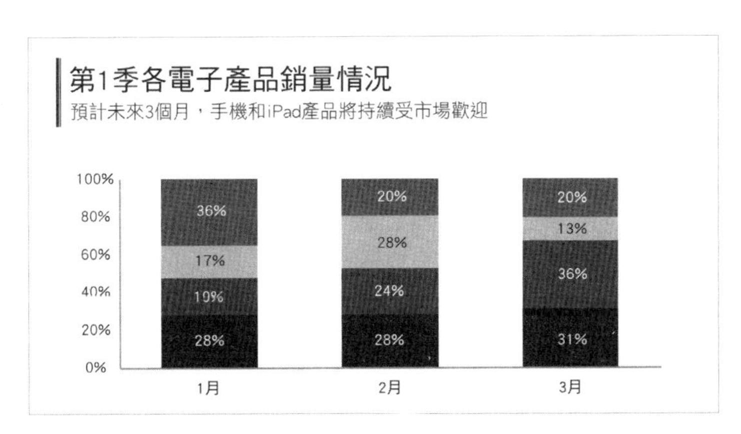

▲ 圖 2-20　百分比堆疊直條圖

呈現整體 vs 個體、整體 vs 層級時

當數據表現的重點不是占比，而是整體與個體之間的關係時，可用如圖 2-21 所示的樹狀圖。這種圖表以不同顏色及面積大小，來呈現個體如何構成整體。適合用來表現整體與個體的結構，也能一併分析整體與個體之間的從屬關係。

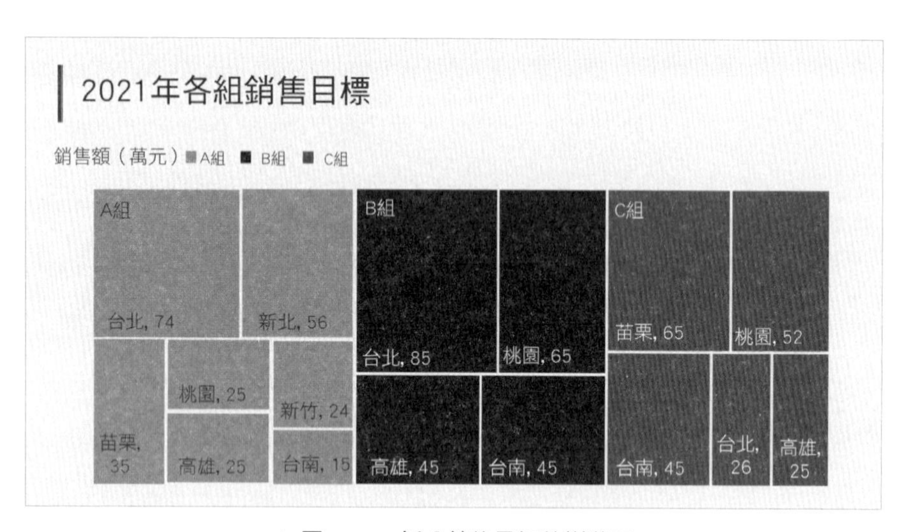

▲ 圖 2-21　拆分銷售目標的樹狀圖

圖 2-21 的樹狀圖，呈現各組銷售目標的結構。讀圖者可從圖表中清楚看出，各組在不同城市的銷售目標百分比，並經由對比色塊大小，得到各組的銷售目標，大小依序為 A 組 >B 組 >C 組。

樹狀圖可表示整體與個體之間的結構關係。如果整體與個體之間有嚴格的層級關係，那麼我們需要選擇如圖 2-22 所示的放射環狀圖，圖中的層級越往外越低、分類也越細。放射環狀圖以同心圓的大小環圈，表示各層級的數據，每個環圈的分段弧形，還能表示占比。

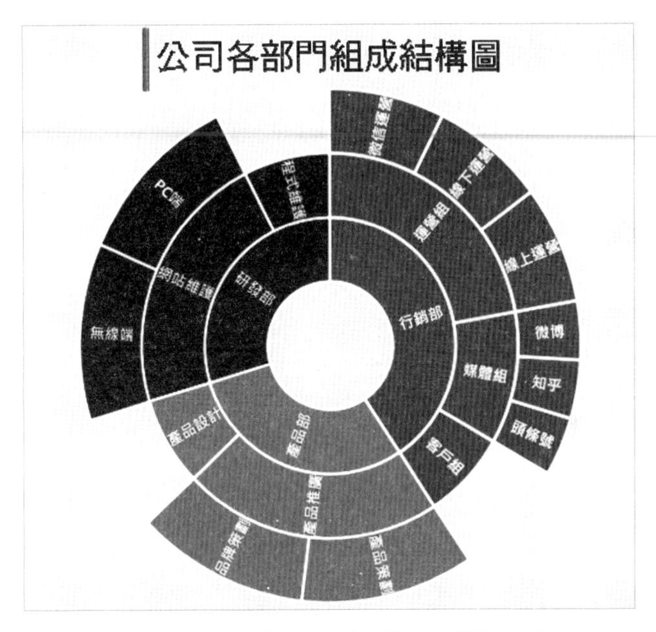

▲ 圖 2-22　用放射環狀圖呈現層級百分比

圖中可清楚看出，此公司由「研發部」、「行銷部」及「產品部」三大部門組成，每個部門又細分為其他下級部門。也能看出各級部門的人數狀況，例如，在「研發部」的下級部門中，「網站維護」部的人數，多於「程式維護」部。

2·4 分析影響因素時，看因素的數量來選擇圖表最佳

在實際工作中，如果能分析出各項因素之間相互影響的規律，或判斷出不同因素對整體的影響程度，對於做出決策及整體規劃會有很大的幫助。下面介紹組成數據分佈類圖表的選擇方法，更具體的內容請參閱第 7 章。

分析2～3項因素之間的關係時

在圖表中，x 軸和 y 軸各代表一個因素。可分析由 x 軸和 y 軸的座標共同決定的數據點位置，來探索兩項因素之間的關係及規

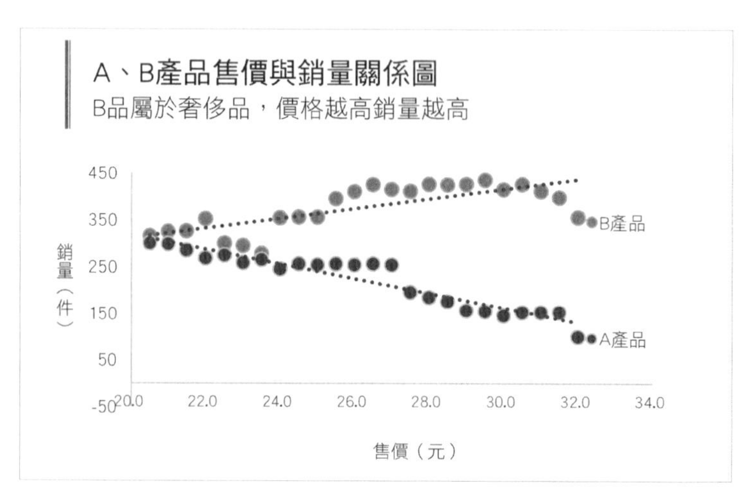

▲ 圖 2-23　用散佈圖分析兩項因素之間的關係

律，如圖 2-23 所示，可由散佈圖中兩組數據點的位置，判斷商品價格對銷量的影響。

當我們需要探索三項因素之間的關係時，可用數據點的大小代表第三項因素，如圖 2-24 所示，泡泡圖用於分析網路商店中不同商品的流量、收藏量與銷量之間的關係。

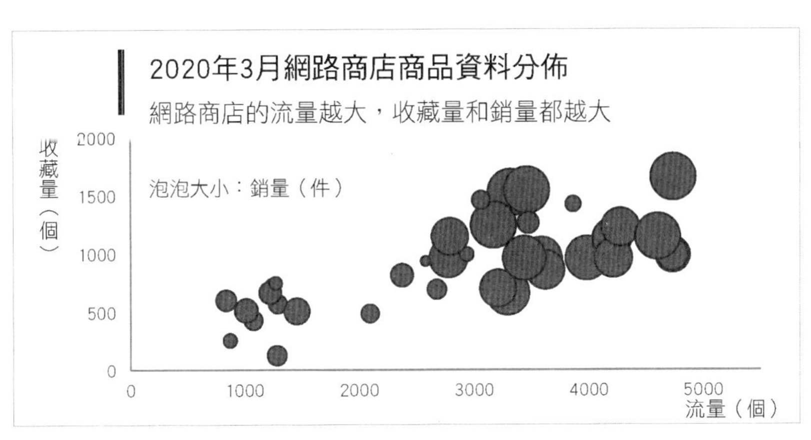

▲ 圖 2-24　用泡泡圖分析三項因素間的關係

分析不同因素的影響度和敏感度時

在影響結果的各項因素中，其輕重程度往往不相同，因此我們不需要關切每項因素，只要將注意力放在最重要那項即可。

例如圖 2-25 所示的瀑布圖，其首尾的柱條代表最初和最終的數據，中間夾有其他的影響因素。我們以此就可大方向觀察到，數據是如何在不同程度的影響因素下，得到最後的結果，同時也能觀察到各項因素的影響程度。

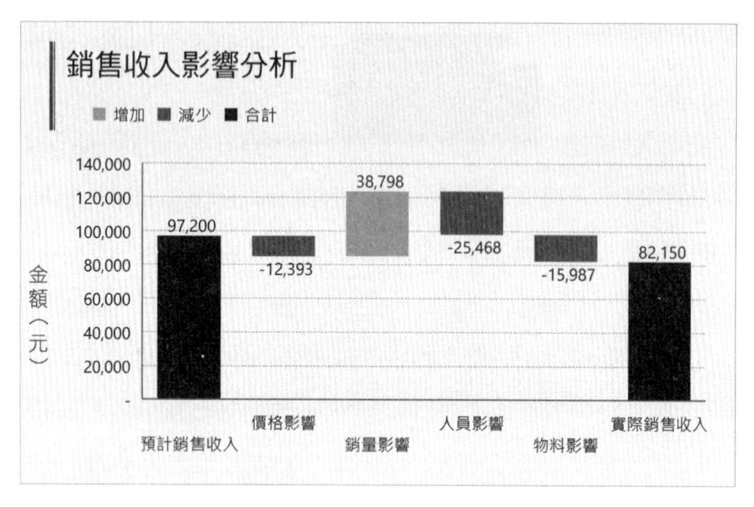

▲ 圖 2-25　用瀑布圖分析影響程度

從圖 2-25 中可看到價格、人員、物料是負面影響因素，銷量是正面影響因素，而且負面影響因素的影響程度比正面影響因素大，因此實際收入是低於預計收入的。

但若某項因素很小的波動，能引起整體極大的波動，則稱這項因素為「敏感性高」。我們可用折線圖將影響因素，製作成如圖 2-26 所示的敏感性分析圖，並以分析斜率，及直線與座標軸的交點離原點的距離，來判斷各項因素的敏感性。

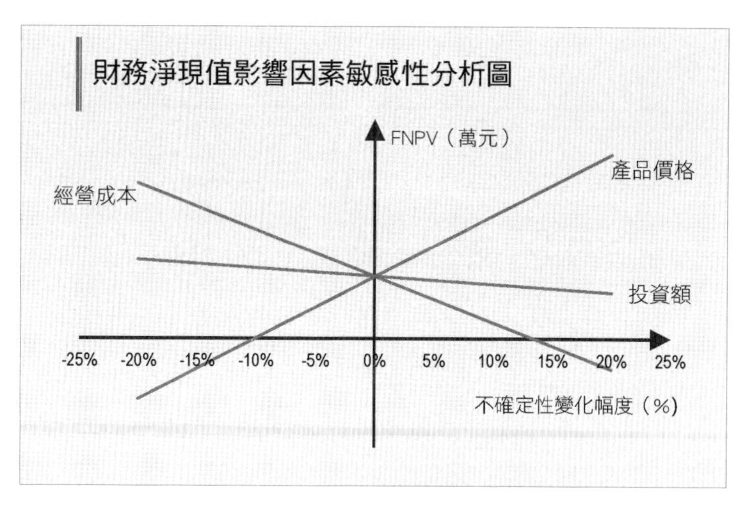

▲ 圖 2-26　用敏感性分析圖分析敏感性

從圖 2-26 中可以得出以下兩點結論。一是斜率越大，影響因素越敏感，故圖中產品價格和經營成本，是兩項敏感性較強的影響因素。二是線與 x 軸的交點到原點的距離越近，相應的影響因素越敏感，故經營成本的敏感性比產品價格更大。

第3章

美、清、重，學會4大要領快速做出商務圖表

用Excel製作簡單圖表並不難，難點在於將普通的圖表，設計成專業的商務圖表，使它既能充分表達資料資訊，又能快速吸引他人視線。

3·1 如何做到簡潔有力的版面設計？

在 Excel 中插入圖表後，按一下「設計」選項下的「新增圖表項目」按鈕，會出現如圖 3-1 的畫面，該步驟有兩個重點需要注意。

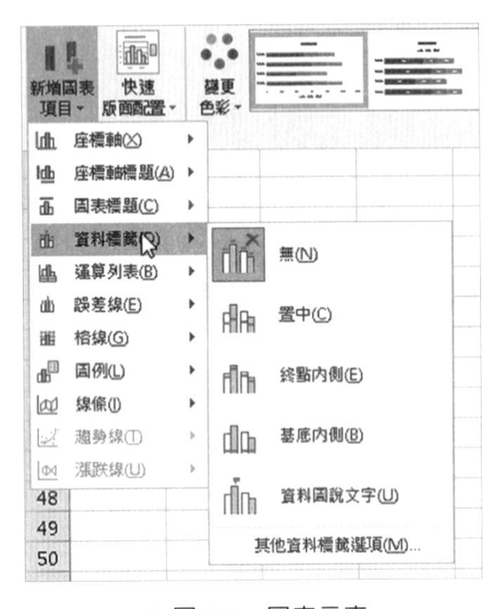

▲ 圖 3-1　圖表元素

其一，功能表中包含了 Excel 圖表的版面設計元素，如座標軸、圖表標題等，每個元素都可再往下選擇不同的格式。

其二，並非每個元素都能應用到各類圖表中，顯示淺灰色的元素，為當前圖表無法使用的。例如，趨勢線、漲跌線可使用在折線圖中，但無法使用在直條圖中。

版面設計必須掌握5個基本元素

圖表的 5 個版面設計基本元素，如圖 3-2 所示。

1. 標題

圖表標題是放在圖表最上方的內容，用來說明圖表主題，能快速抓住人視線，如下圖中的①。

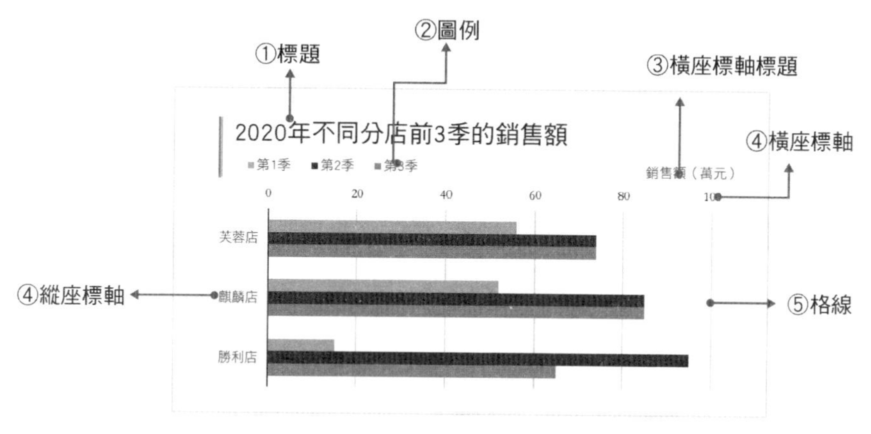

▲ 圖 3-2　圖表的 5 個版面設計元素

重點速記——下標題技巧

1. 圖表可以只有主標題沒有副標題，主標題的字級要大日加粗顯示，但文字不能太多。
2. 如果標題有兩行文字，則第二行文字可以作為副標題。副標題可對主標題再補充、解釋，更加詳細說明圖表資訊。

2. 圖例

圖例以顏色、符號來表示圖表中各資料數列所代表的內容，例如，圖 3-2 中②的圖例，說明了圖表中不同顏色的柱條，分別代表了哪一季的數據。

重點速記——圖例設計技巧

設計圖表時，要考慮到圖例的位置、順序，讓讀者能快速了解圖表中的資料數列，分別代表什麼內容，共有 3 個技巧。

1. 在折線圖、散佈圖中，圖例可位於折線或散點尾部，以便對照。如圖 3-3 的上下 2 張圖表，圖例放在不同位置，我

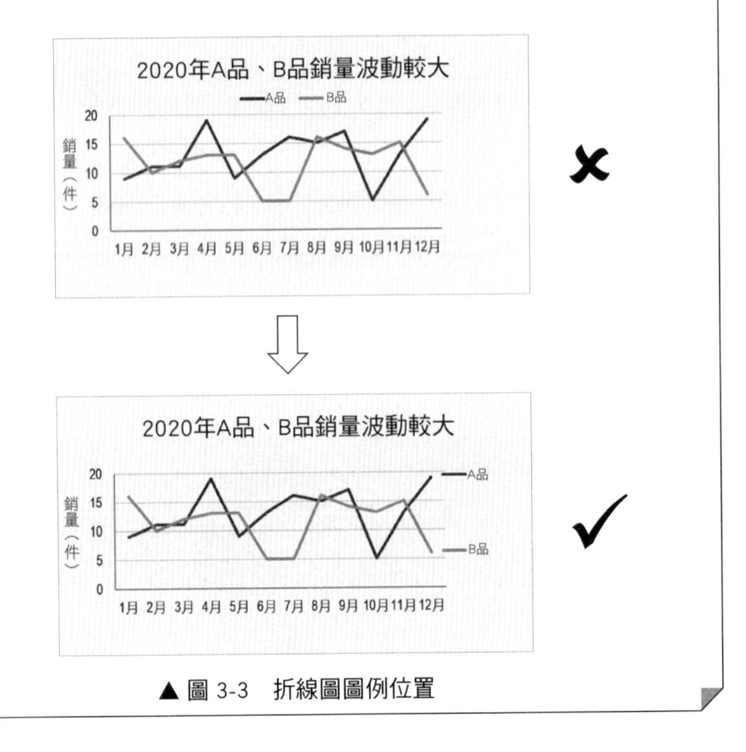

▲ 圖 3-3　折線圖圖例位置

們會發現將圖例放在折線尾部更方便對照。

2. 圓形圖不需要圖例，只要在每個扇形的資料標籤中註明即可。例如觀察圖 3-4 的圖例位置後，會發現當圖例單獨放在圖形上方時，得上下移動視線以確認每個扇形代表什麼數據，閱讀上十分不便利。
3. 其他類型圖表的圖例，一般位於圖形上方，因為一般人的讀圖視線是由上而下的。

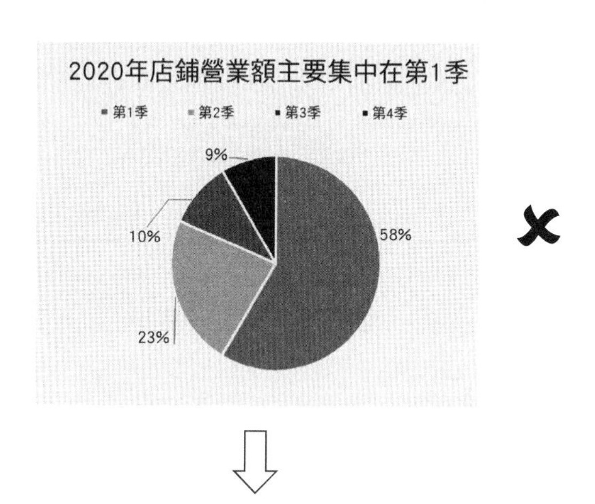

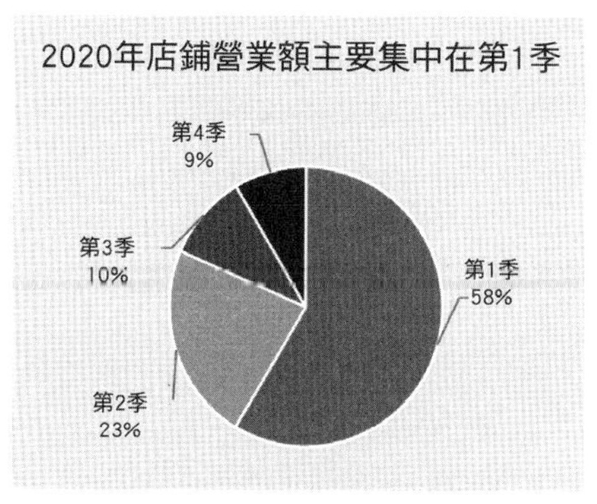

▲ 圖 3-4　圓形圖圖例位置

3. 座標軸標題

座標軸標題是用來說明橫座標軸、縱座標軸的數據各代表什麼，也可以加上數據的單位，如圖 3-2 中的③所示。很多圖表會遺漏座標軸標題，導致讀者得去猜測每個座標軸代表為何。

但明顯易懂的座標軸名稱，就不需要加座標軸標題，如「1 月、2 月……」這種明確指出時間的座標軸。

4. 座標軸

一般情況下，圖表由縱橫交叉的兩條座標軸線，構成一個圖表區。一個座標軸代表一組資料，如橫座標軸代表「時間」、縱座標軸代表「商品銷量」，兩者組合起來代表「商品在不同時間點的銷量」。

座標軸有很多設定選項，如座標軸類型、交叉點、數值次序、座標軸和標籤的位置。經由對這些選項的巧妙設定，我們可以製作出專業的圖表。

5. 格線

格線是座標軸刻度的延伸。讀者可用格線來確定資料數列的高度、位置，從而更加準確地判斷數據的大小。

確實需要輔助時再增加格線，否則格線的存在就是不必要的干擾。也可技巧性地弱化格線，例如讓格線的顏色變淺、線型變細，或將實線變成虛線。

重點速記——座標軸設計技巧

1. 座標軸的刻度單位決定了格線的疏密。因此，讀者經由座標軸＋格線對視線的引導，可準確地判斷圖表區數據的大小。但若圖表中以資料標籤表示資料數列的數據後，就不需要縱座標軸和格線了，如圖 3-5 所示。
2. Excel 中的座標軸可以設定邊界值範圍、刻度大小、交叉位置。
3. 當座標軸是連續日期時，可用英文逗號＋數字的簡寫方式節省版面空間，如「2012、'13、'14……」。

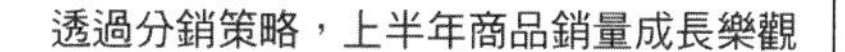

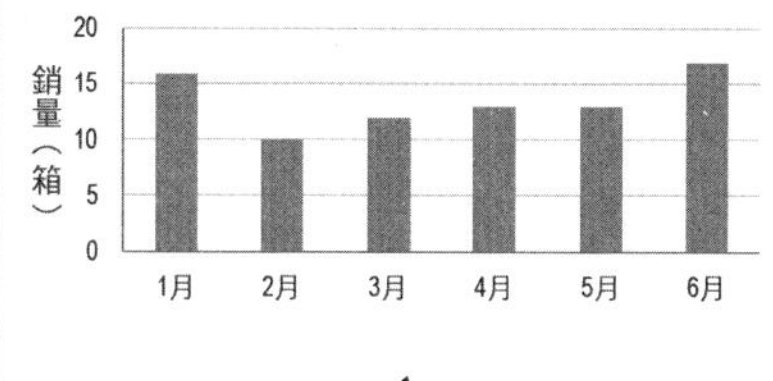

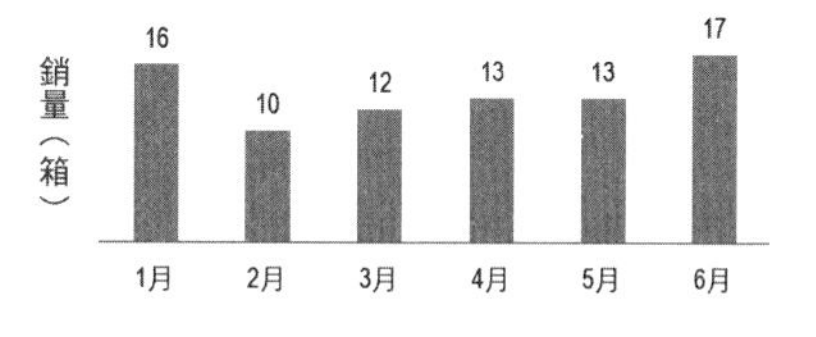

▲圖 3-5　縱座標軸、格線的選擇

3·2 如何選出兼具美感和意義的配色？

顏色是視覺上的第一感知，我們在製作專業商務圖表時，選擇顏色不應該只從美觀性出發，而應將資料與顏色意義相結合，設計出配色與數據相得益彰的圖表。

用色相環，看懂基本配色理論

在眾多顏色理論知識中，色相環角度是需要了解的圖表配色基本常識。在色相環中，夾角越小的顏色越相似，如圖 3-6 所示。

相似的顏色和諧度越高，越適合用來表現同類型的資料，可搭配出較協調的圖表配色，因此選擇相似色，是比較安全的做法。

此外，選擇深淺不同的相似色搭配，既可以讓圖表配色顯得和諧，又能突出重點。

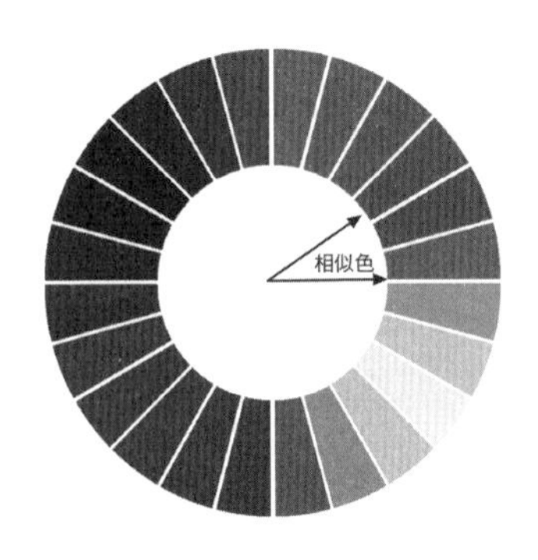

▲圖 3-6　色相環的相似色

在色相環中，兩種顏色的夾角越大，其對比越強烈，如圖 3-7 所示。這類顏色適合用來強調、對比資料。需要注意的是，對比色不能超過 2 種，否則對比太多，就失去了對比的意義。

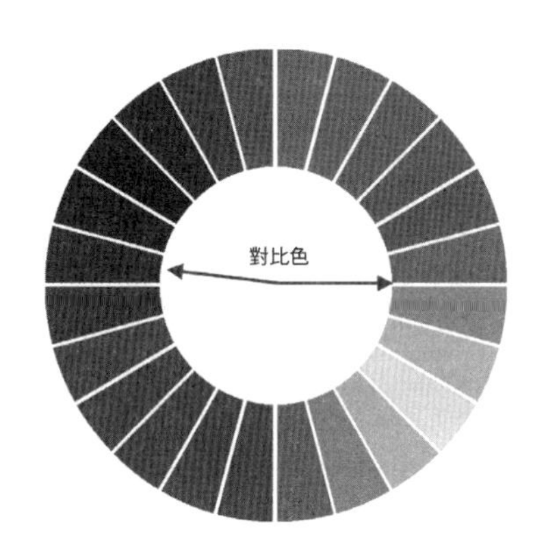

▲ 圖 3-7　色相環的對比色

配色不只為了好看，更是一種資訊

圖表中的任何內容都是為了傳達資訊，如文字、版面設計，甚至是顏色。在選擇圖表配色時，應充分考慮顏色的種類、意義及圖表要傳達的目標。

相同顏色代表相同訊息，因此不要用多種顏色表示同一組數據，如圖 3-8 所示，《華爾街日報》圖表中的所有柱條代表同一組資料數列，因此它們必須填滿相同的顏色，不需要為了追求豐富度而填滿不同的顏色。此外，配色不宜超過 4 種，否則顏色太多會造成干擾。如果數據項目太多，可以考慮用前文所述的相似色搭配。

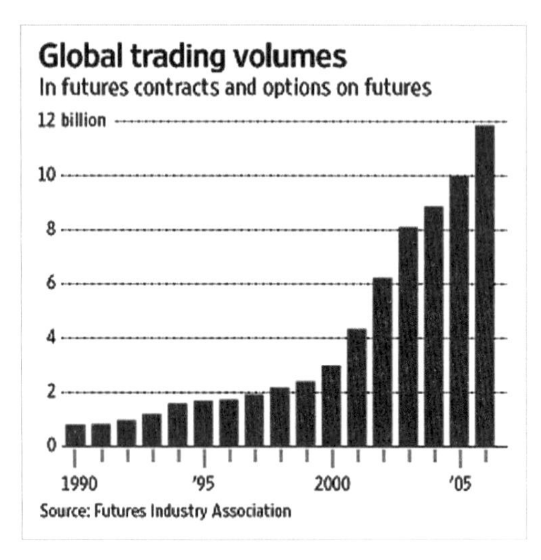

▲ 圖 3-8　用相同顏色代表同一組資料數列

此外，配色也應考慮顏色的主題意義。例如，亞洲國家多用紅色表示股價上漲，用綠色表示下跌；歐美國家則相反，用紅色代表損失、負收益，用綠色代表盈利。

淺色與深色交錯利用

圖表背景最好不要填滿顏色，如果要填滿，應儘量選擇淺色背景，目的是不造成資訊干擾，讓圖表整體顯得簡潔俐落。另外，在淺色背景上要用深色文字，最好是黑色、深灰色的文字，使文字清晰、易辨認。在特殊情況下，如果選用深色背景，則應搭配淺色文字。

考慮列印的飽和度與亮度

有時完成圖表後，製表者需要將圖表列印出來供他人閱讀。如果圖表採用彩色列印，應考慮色差問題。如果圖表採用黑白列印，則應注意配色的飽和度和亮度，避免讀者無法區分圖表上各顏色代表的數據為何。

測試黑白列印的圖表，是否能區分顏色及調整顏色的方法，如以下步驟。

製圖步驟

Step 1 將圖表改成圖片，如圖 3-9 所示。複製圖表後，按一下「貼上」功能表中的「圖片」按鈕，將圖表改成圖片。

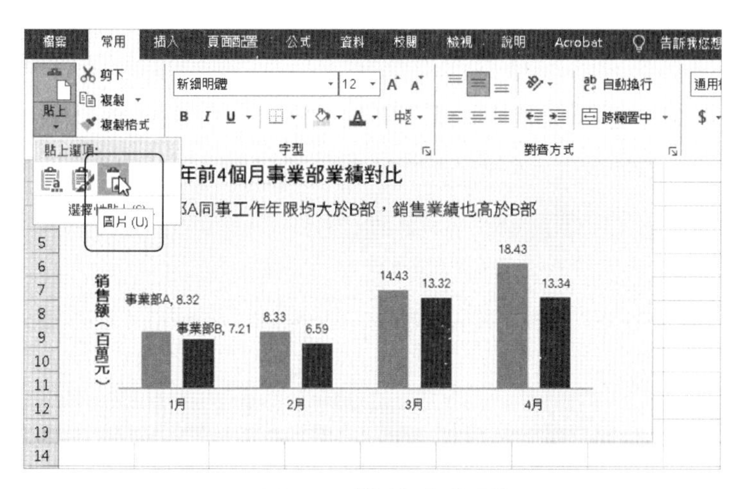

▲ 圖 3-9　將圖表改成圖片

Step 2 設定圖片顏色飽和度為 0%，如圖 3-10 所示。選取貼上的圖片，在「格式」下的「色彩」功能表中，選擇「飽和度:0%」。

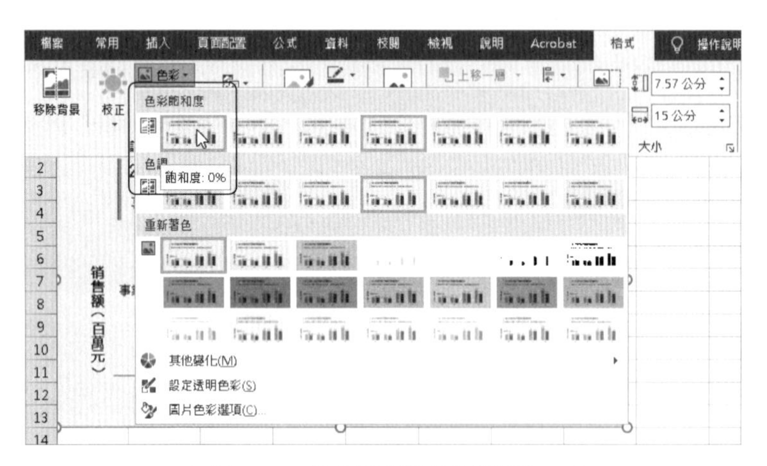

▲ 圖 3-10　設定圖片顏色飽和度為 0%

Step 3 查看圖表的黑白效果，如圖 3-11 所示。即便是黑白列印的結果，不同資料數列也能辨認出來。

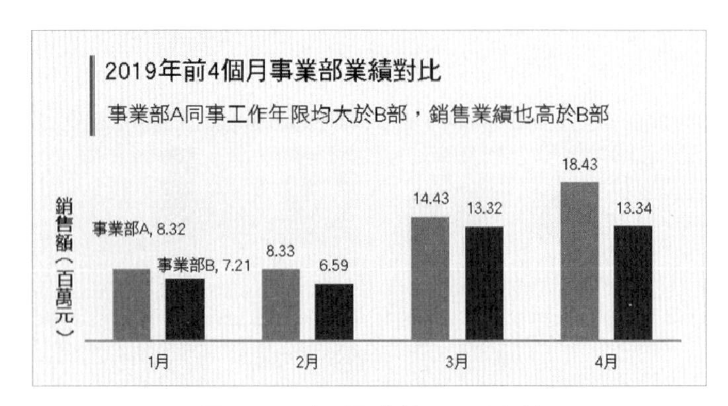

▲ 圖 3-11　查看圖表的黑白列印效果

Step 4 當圖片飽和度已設定為 0%，但資料數列的顏色還是無法區分時，可開啟「色彩」功能做修改，如圖 3-12 所示。

① 選擇「HSL」色彩模式。

② 設定「飽和度」和「亮度」，讓不同資料數列的這兩個數值相差較大，就可以使不同資料數列的顏色，在黑白列印狀態下有所區別。

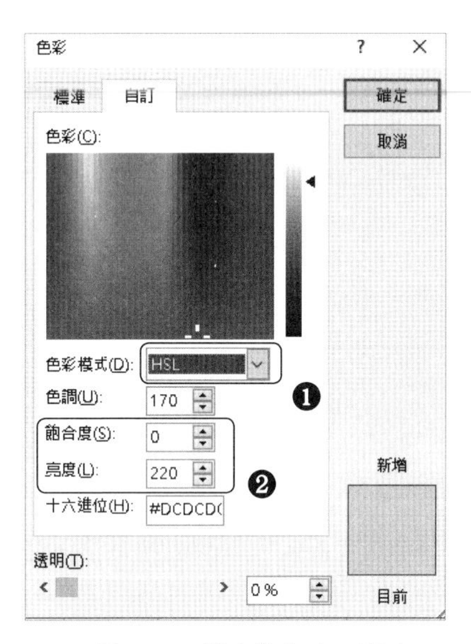

▲ 圖 3-12　設定飽和度、亮度

3·3 如何做出清楚易懂的圖表文字？

文字雖不是圖表主體，但同樣不能被忽視。文字能輔助圖表傳達訊息，發揮解釋、說明的作用。在設計圖表文字時，如果能注意以下幾個原則，就可以在細節上做到盡善盡美。

選擇常用字體，不追求花俏

圖表文字是用來描述資訊的，而不是用來增強美感。可惜的是，很多人在選擇字體時，總會花心思選擇個性十足的藝術字體，這些字體往往會導致圖表文字難以閱讀。

一般來說，只要選擇常見字體（如黑體、明體、仿宋等）作為中文字體；選擇 Arial、Arial Narrow、Times New Roman 等作為英文或數字字體即可。

重點速記——字體搭配法則

1. 圖表字體不應超過 2 種，我們可以選擇同一種風格的不同字體，作為標題和描述性文字，如標題選擇華康黑體，描述性文字選擇華康明體，搭配效果會如圖 3-13 所示。

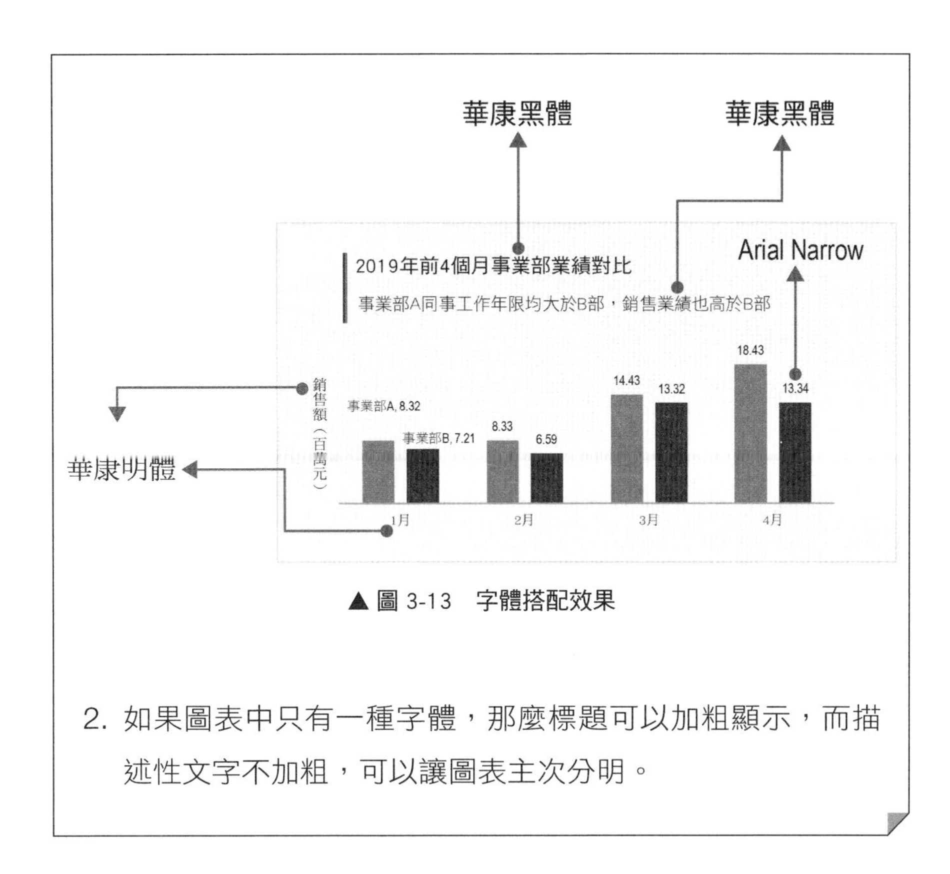

▲ 圖 3-13　字體搭配效果

2. 如果圖表中只有一種字體，那麼標題可以加粗顯示，而描述性文字不加粗，可以讓圖表主次分明。

不任意使用加粗字、斜體字

加粗是用來強調文字，可用於標題、需要強調的資料標籤中。其他處儘量不要加粗，如座標軸文字、副標題等，否則太多的強調等於沒有強調。

中文字體不應設定為斜體。斜體最開始是使用於英文，因為英文由字母組成，辨識度不高，斜體效果可用來區別、強調資訊。

但是中文本來就筆劃各異，將其生硬地設定為斜體，無疑是畫蛇添足，既不能增加美感，又降低文字辨識度。即便是英文，也盡量避免同時加粗和設定為斜體，否則會降低圖表的可讀性。

但在特殊情況下，橫座標軸如果文字太多可設定為斜體，如圖 3-14 所示。解決橫座標軸文字太多的方法，除了改為斜體。還有以下 4 種方法：

1. 增加圖表的橫向寬度，讓文字能全部置入。

2. 縮小字級，用意同上。

3. 將直條圖換成橫條圖。

4. 如果設為斜體的是序號、連續日期，那麼可以在「設定座標軸格式」功能中，設定標籤的「指定間隔的刻度間距」，就能不顯示出全部座標軸標籤，避免圖表太雜亂。

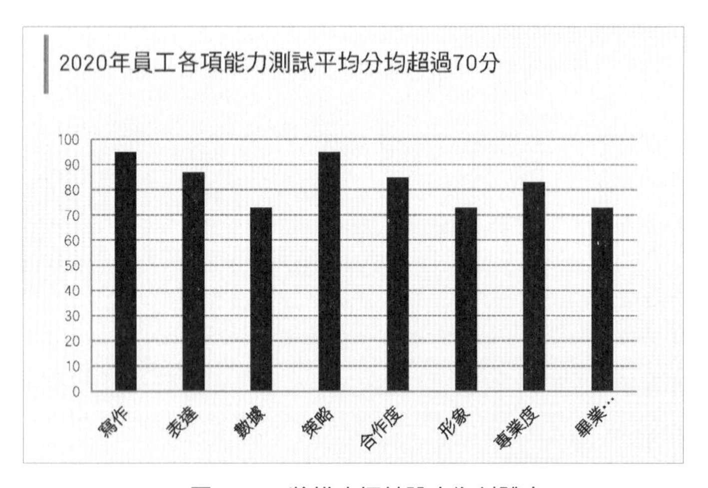

▲ 圖 3-14　將橫座標軸設定為斜體字

文字不鋪滿底色

無論在什麼情況下，都不要將圖表中的文字鋪上底色，否則會破壞圖表的設計平衡，還會分散讀者的注意力，降低文字可讀性。如圖 3-15，標題鋪底色後，讀者的視線頓時會失去焦點，反而無法專注於解讀文字。

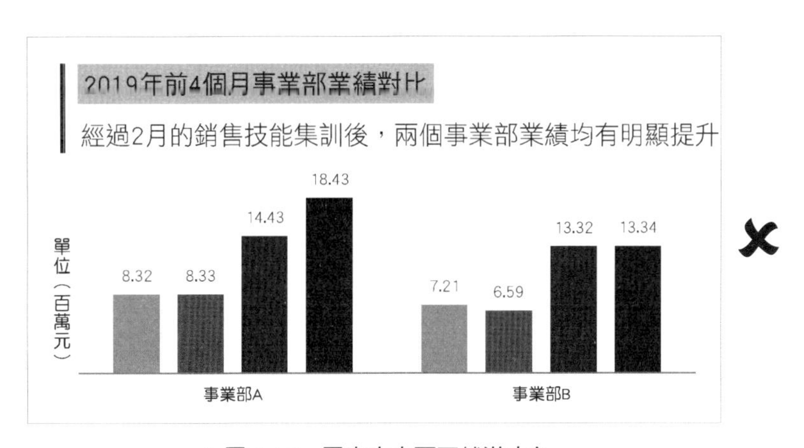

▲ 圖 3-15　圖表文字不可鋪滿底色

3·4 如何抓到重點，下出好標題？

圖表的標題就是圖表的主題。好的標題應該簡潔、切中要點，它能抓住讀者的注意力、準確傳達資訊，並強調數據含意。

在第 1 節介紹版面設計時，提到整個製表過程應圍繞製圖目標進行。而標題擬定與製表目標密不可分，在多數情況下，製圖目標就是標題。以此為出發點，下面來看標題的具體擬定方法。

最推薦的方法——對數據下結論

將圖表的數據分析後，得到一個有深度和意義的結論，將其作為圖表標題，這是我們比較推薦的方法。這樣的標題不會模棱兩可，能在第一時間告訴讀者分析數據得出的結論，如圖 3-16。

由這種方法得到的標題可以是疑問、建議或現象。如果圖表有副標題，還可以在副標題中解釋出現這種數據的原因。

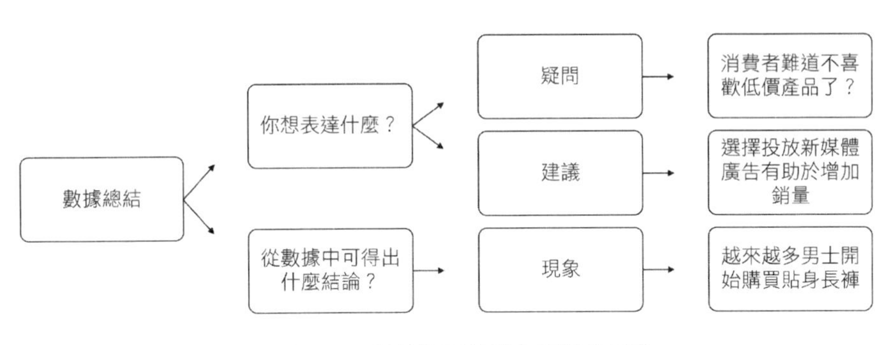

▲ 圖 3-16　對數據下結論為標題的思路

對比圖 3-17 和圖 3-18，前者是大多數人會用的標題，雖然沒有錯，但不夠具體；而後者直接以圖表數據的結論作為標題，能使讀者在第一時間產生閱讀興趣。

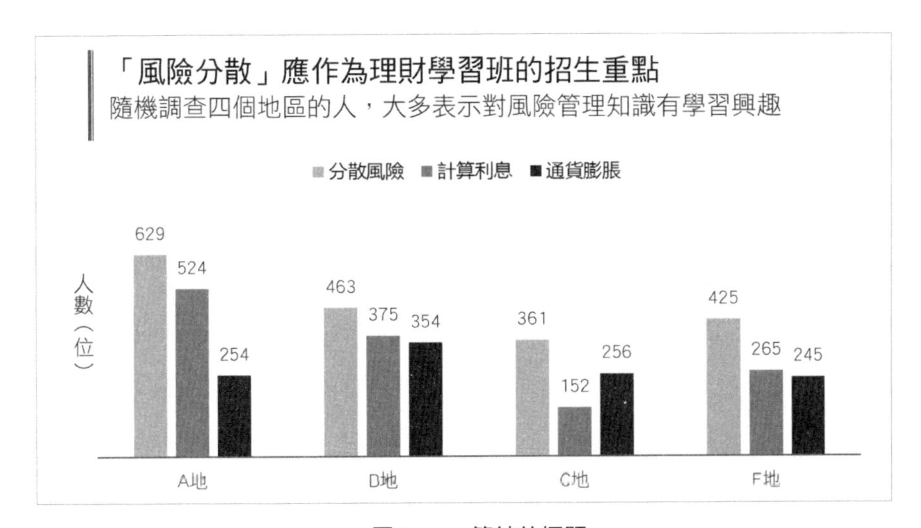

▲ 圖 3-17　籠統的標題

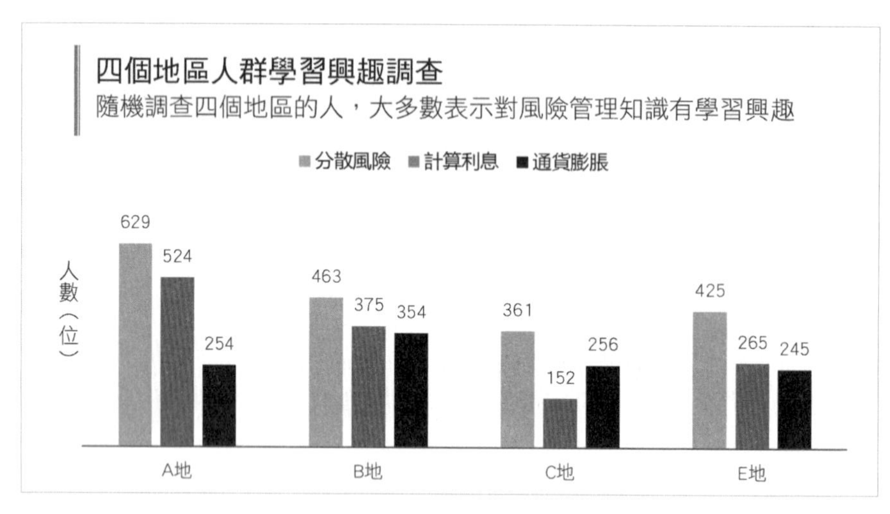

▲ 圖 3-18　以數據分析的結論作為標題

最多人用的方法——描述數據

描述數據是大多數人常用的擬定標題的方法，適用於以下兩種情況。

1. 當圖表只想客觀地呈現數據，讓讀者了解資訊整體概況後有個人看法時，我們可以用描述數據的方法。

2. 當圖表有副標題時，我們可以在副標題中分析數據並做結論，此時可將平淡的描述作為主標題，這樣會讓標題更嚴肅、更簡短。以此方法來擬定標題時應注意，標題表達的含意要清晰準確，避免模糊地描述。

圖 3-19 是清晰準確的標題和語意模糊的標題。清晰準確的標題通常遵循「3W」原則，即什麼人（或事）、在什麼時間、發生

了什麼事？而語意模糊的標題，令人無法確定圖表數據究竟發生於何時、哪個層面？

例如，「銷售情況圖」究竟展示了什麼銷售情況？是銷量還是銷售額，或者是訂單數？「員工能力展示圖」中的員工，究竟是新員工還是老員工？能力是指綜合能力，還是其他方面的能力？

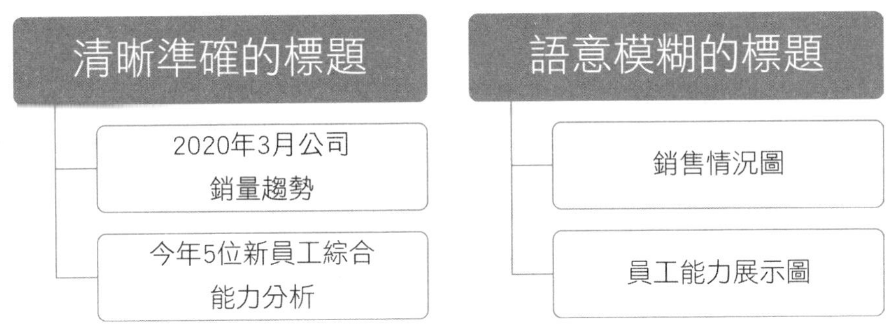

▲ 圖 3-19　清晰準確的標題 vs 語意模糊的標題

想強調某數據時——描述希望引起關注的重點

當圖表中有希望引起讀者關注的數據，或有不希望讀者過分關注的部分數據時，可在標題中突出重點，以鎖定讀者的注意力。

在圖 3-20 中，B 部門的飲品和日用品的銷售額均不如其他部門，為了突出優點、弱化缺點，製表者在標題中直接點明 B 部門的食品銷售額高於其他部門。受標題影響，讀者會下意識更關注 B 部門的食品銷售額數據。

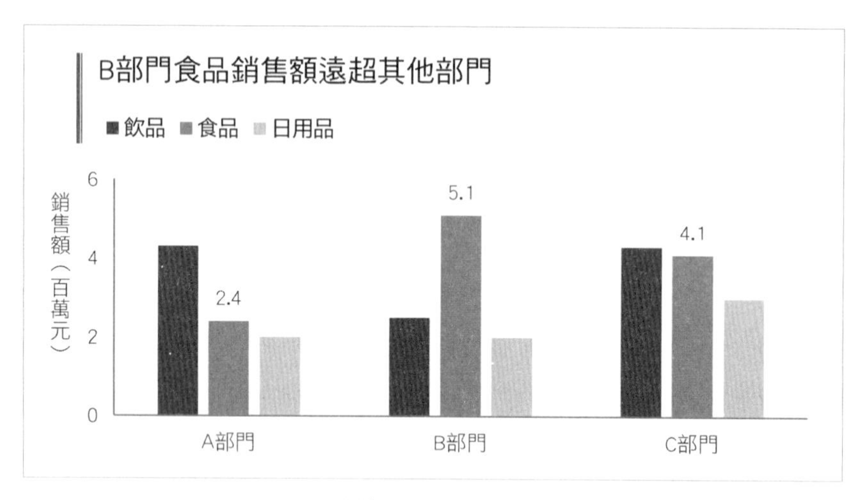

▲ 圖 3-20　將希望引起關注的重點作為標題

第 4 章

對比數據這樣做，一眼就能看出高下！

對比同組資料的大小時，常用的圖表是直條圖和橫條圖。我們可由圖表中柱條的高低、長短，直觀地比較各項目。

4-1 單組資料對比時，學這 4 大專業指標很好用

在選擇 Excel 圖表類型時，應綜合考慮多方面因素（具體選擇方法詳見第 2 章）。選出合適的圖表後，把握製圖原則、按照步驟，就能快速製作出專業的商務圖表。本章要介紹的群組直條圖和群組橫條圖，是用於對比同組資料的常用圖表。

使用時機

在對比產品銷售額、各城市銷量等情況時，所有數據屬於同一組資料。同組數據在直條圖或橫條圖中，要以相同顏色的柱條表示。我們可由柱條的高低、長短，直接對比出這組資料中不同項目的大小差異。

我們經由分析數據，並結合產品特點，選擇如圖 4-1 所示的排序直條圖，製作方法如下。

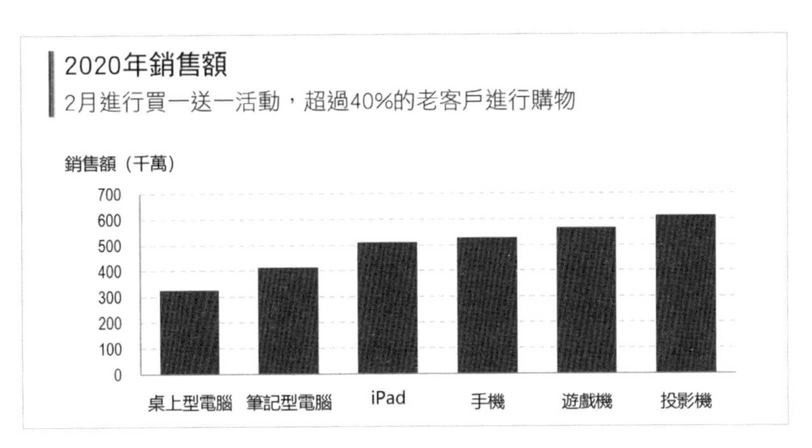

▲ 圖 4-1　單組銷售額對比圖

製圖目標

1. 用圖表呈現產品銷售額對比。
2. 能讓人一目了然地看出各產品的銷售額高低。

製圖步驟

Step 1 處理原始資料。將原始資料的數據升冪排序，排序後的數據如圖 4-2 所示。

	A	B	C	D	E	F	G
1							
2	產品	桌上型電腦	筆記型電腦	iPad	手機	遊戲機	投影機
3	銷售額	326.0	412.0	511.0	528.0	565.0	612.0

▲ 圖 4-2　排序後的數據

Step 2 插入直條圖，如圖 4-3 所示。

① 選好圖 4-2 表格中的數據後，點選工具列的「插入」，按下「直條圖」或「橫條圖」的下拉圖示。

② 選擇群組直條圖或橫條圖，即可建立圖表。圖 4-3 選擇的是「平面直條圖」。

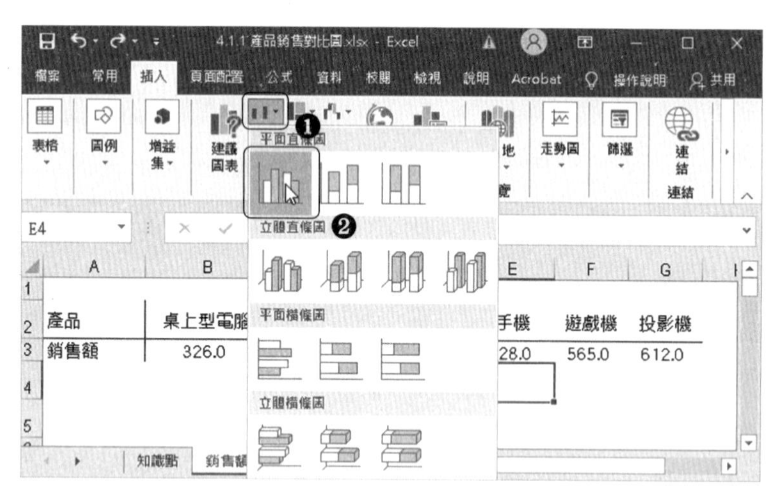

▲ 圖4-3　插入直條圖

Step 3 增加縱座標軸標題，如圖 4-4 所示。

① 選取圖表後，選擇工具列的「設計」，再按選單下的「新增圖表項目」按鈕。

② 選擇「座標軸標題」。

③ 選擇「主垂直」，即可為縱座標軸增加標題。

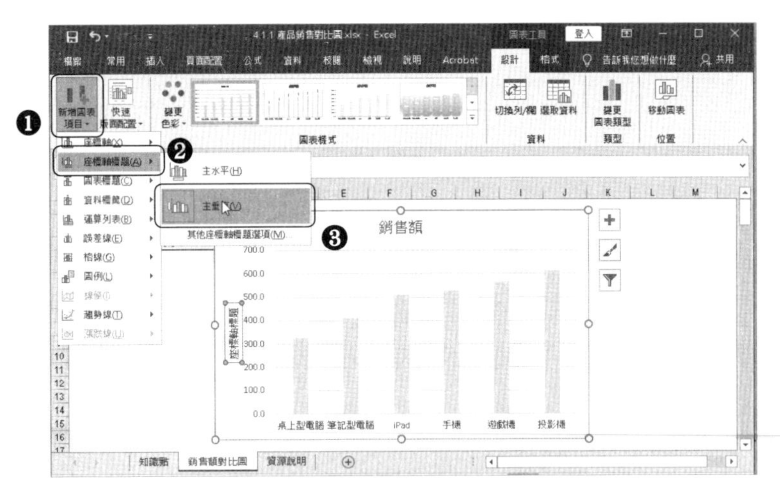

▲ 圖 4-4　增加縱座標軸標題

Step 4 設定標題文字方向。點選 Step 3 增加的縱座標軸標題，按右鍵，選擇「座標軸標題格式」，打開設定視窗。

① 在「文字方塊」選項下，選擇「文字方向」如圖 4-5 所示。

② 選擇「水平」，即可將預設的縱向標題改為橫向標題。

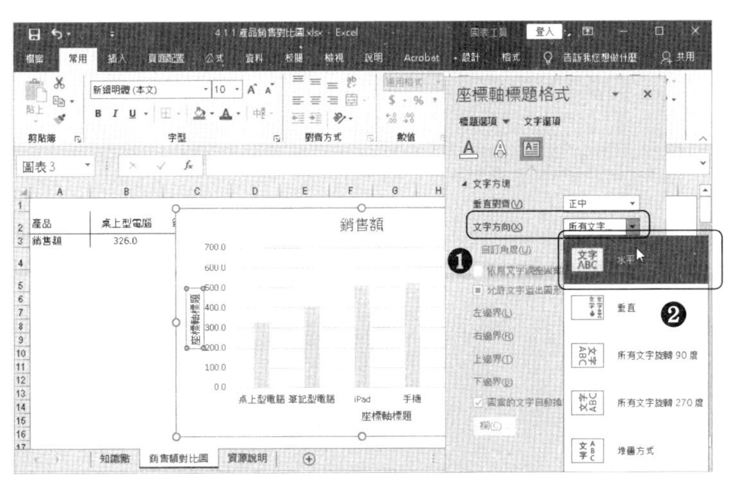

▲ 圖 4-5　設定標題文字方向

Step 5 整修細節。接下來只要輸入圖表標題，設定字體、顏色、框線等屬性，即可完成這張產品銷售額對比圖。

圖 4-1 中的直條圖還可有其他「變形」。增加虛線格線可引導視線，增強產品銷售額的對比效果，如圖 4-6 所示；增加資料標籤可顯示每種產品的具體銷售額，如圖 4-7 所示。但要注意的是，如果已經增加資料標籤，就應該把縱座標軸刪除，以免過多重複的元素擠在同一張圖，造成閱讀上的障礙。

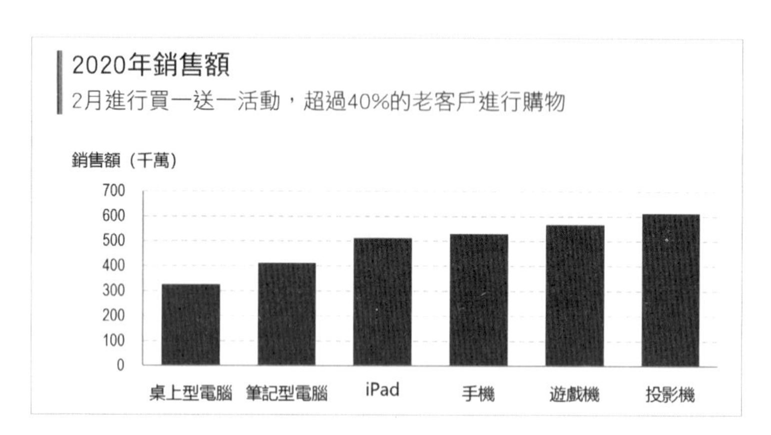

▲ 圖 4-6　增加格線引導視線

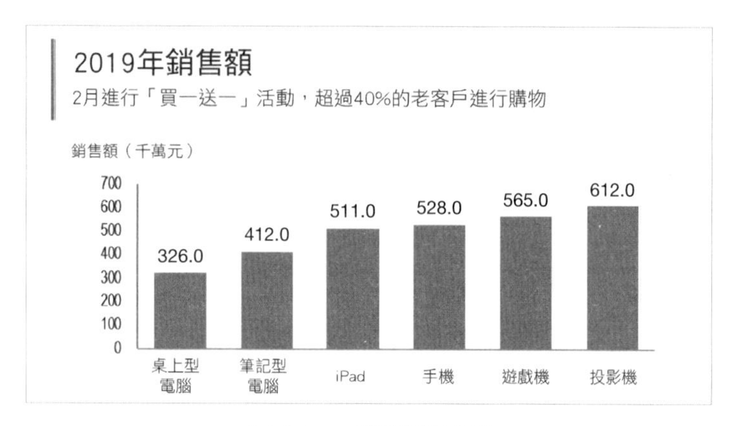

▲ 圖 4-7　增加資料標籤

衡量對比圖專業性的4個標準

直條圖或橫條圖的製作十分簡單，要將其製作出專業感卻有很多技巧。我們由觀察《華爾街日報》及《經濟學人》中的商務圖表，可歸納出單組數據對比圖有以下 4 個專業特徵，根據這些特徵調整圖表細節，可增加圖表專業性。

重點速記——單組數據對比圖 4 大專業特徵

1. 柱條不能太寬或太窄，其寬度約為間隙寬度的 1 ～ 2 倍。
2. 柱條顏色應相同，除非圖表中需要強調某一個特殊數據。
3. 格線的顏色應較淡、線條應較細，最好為虛線，才能讓圖表顯得簡潔美觀。
4. 單組數據對比圖不需要圖例，用圖表標題或座標軸標題，就能明白顯示每個柱條代表為何。

關於第 2 點，圖表的顏色除了應該好看，還代表著一個訊息——可由顏色區分不同數據項目。因此同組數據若填滿不同顏色，容易使讀者誤以為是代表不同的事物，造成資訊干擾，如圖 4-8 所示。

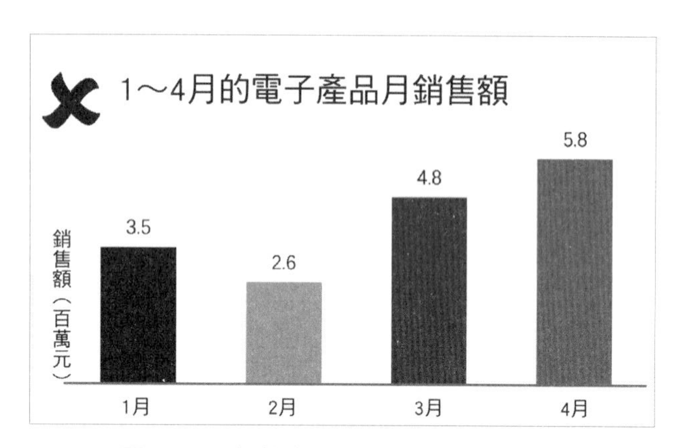

▲ 圖 4-8　同組數據不同顏色，易造成資訊干擾

關於第 4 點，圖例的作用是告訴讀者，圖表中的某某柱條是代表什麼數據，而單組數據對比圖，從標題中就可輕鬆了解「某某年銷售額數據」、「某某產品銷量數據」，因此不需要額外增加圖例。

以素材填滿，增強視覺效果

如果我們需要強化圖表的視覺效果，讓圖表更形象化、更有趣，可以用素材圖片改變資料數列的樣式。如圖 4-14，用山峰形狀取代直條圖中的柱條，再填滿不同顏色。

也就是將各部門的目標比喻成山峰，表示每個部門均在努力衝刺、力求登上最高峰。讀者可由山峰的高度，來對比各部門的目標完成度。這種生動有趣的圖表，非常適合放在海報或網路文章中。

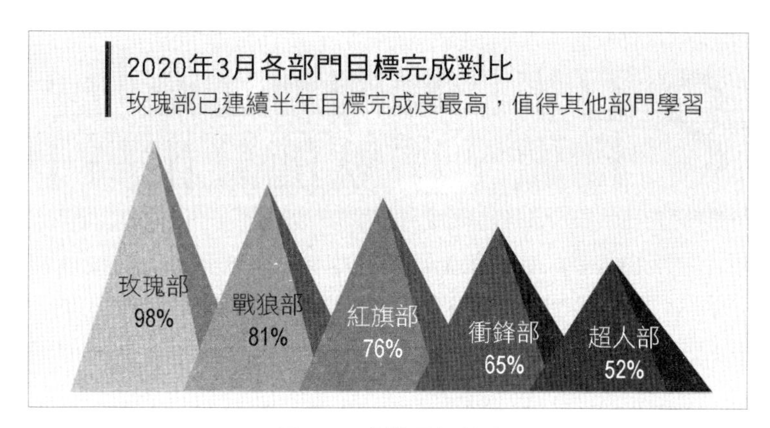

▲ 圖 4-9　山峰目標對比圖

視覺化圖表的基本製作方法為：複製素材圖片，並將其複製到資料數列中。如圖 4-10 所示，選取山峰圖素，按「Ctrl ＋ C」複製，再單獨選直條圖中最左邊的柱條，按「Ctrl ＋ V」貼上。然後用同樣的方法，將其他的山峰圖素，以複製—貼上的方法，填滿直條圖。

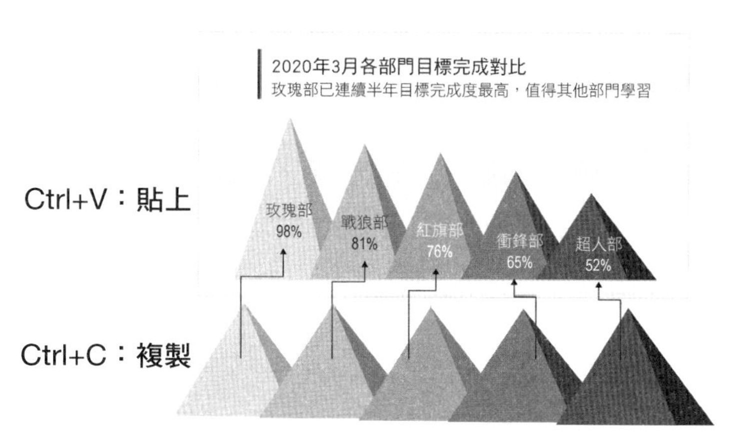

▲ 圖 4-10　用山峰圖素填滿資料數列

4·2 有平均線的對比圖時，這樣做一眼就能分出高下

帶有平均線的對比圖通常為直條圖，因為在人們的普遍觀念中，平均線是一條水平的橫線，而非垂直的分隔號。以下介紹簡單及追求完美的兩種做法，可依個人對 Excel 的熟悉度及專案需求做選擇。

使用時機

做銷量分析、業務員業績這類對比時，可在對比圖中增加一條「表示平均數」的線。以便讀者在對比數據大小的同時，看一眼看出哪些項目位於平均線之下、哪些項目位於平均線之上，立刻區分出數據大小或高下。

最簡單的做法

製作帶有平均線的直條圖時，最簡單的做法是，在原始資料中增加平均數據，再建立直條圖＋折線圖組合圖表，而其中的折線圖就是平均線，以圖 4-11 舉例。

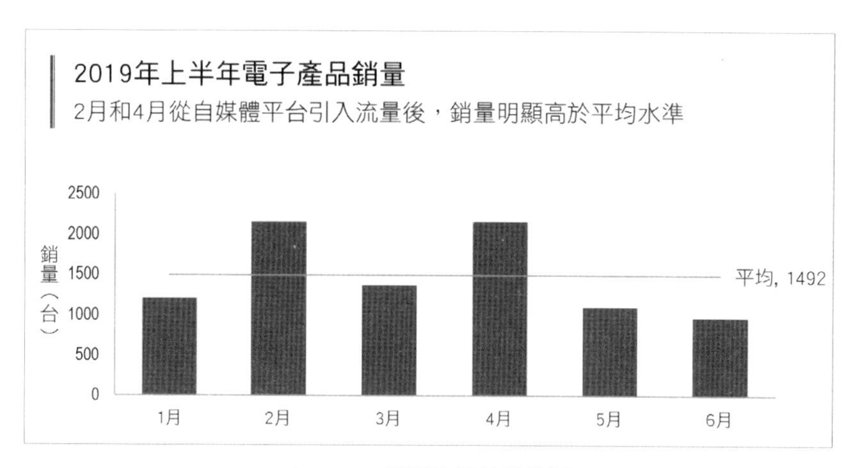

▲ 4-11　帶平均線的對比圖

製圖目標

1. 用圖表呈現 1 ～ 6 月各電子產品的銷量對比。
2. 能讓讀者快速了解，哪些產品的銷量在平均之上或之下。

製圖步驟

Step 1 計算平均數，如圖 4-12 所示。使用 AVERAGE 函數，計算產品 1 ～ 6 月的平均銷量。

B2　=AVERAGE($B3:$G3)

	A	B	C	D	E	F	G
1		1月	2月	3月	4月	5月	6月
2	平均	1492	1492	1492	1492	1492	1492
3	每月銷量	1206	2154	1366	2158	1102	968
4							

▲ 圖 4-12　計算平均數

Step 2 點選功能表上的「插入」，設定組合圖表，如圖 4-13 所示。

① 選取要建立圖表的儲存格區域。

② 按一下「圖表」選單中的「查看所有圖表」按鈕。

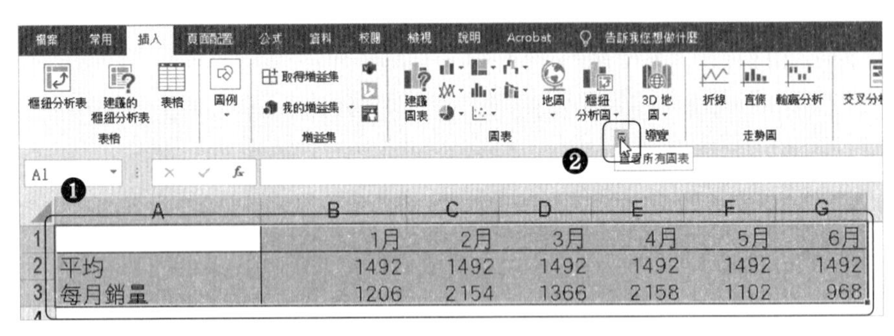

	A	B	C	D	E	F	G
1		1月	2月	3月	4月	5月	6月
2	平均	1492	1492	1492	1492	1492	1492
3	每月銷量	1206	2154	1366	2158	1102	968

▲ 圖 4-13　插入圖表

Step 3 設定折線圖＋直條圖組合圖表，如圖 4-14 所示。

① 選擇圖表類型為「組合圖」。

② 選擇「平均」數據為「折線圖」，及「每月銷量」數據為「群組直條圖」。

③ 按一下「確定」按鈕。

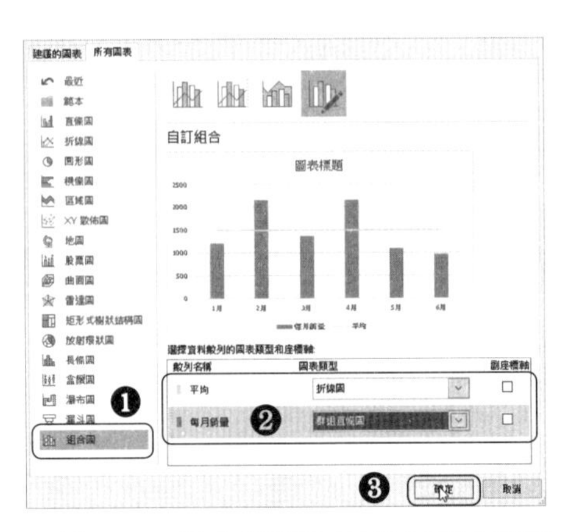

▲ 圖 4-14　設定折線圖＋直條圖組合圖表

Step 4 完成圖表製作。建立好組合圖表後，只需要再設計版面、美化圖表，即可製作出有平均線的對比圖。

追求完美的做法

圖 4-11 有平均線的對比圖，有兩個缺點使圖表不夠美觀：一是平均線蓋過柱條；二是平均線左右沒有與直條圖對齊，使左右都有空缺。

解決這個小缺點的思路是，使用直條圖＋區域圖（平均線）組合圖表，將區域圖的填滿方式設定為漸層填滿，以達到隱藏面積部分、只留下平均線的效果，如圖 4-15 所示。

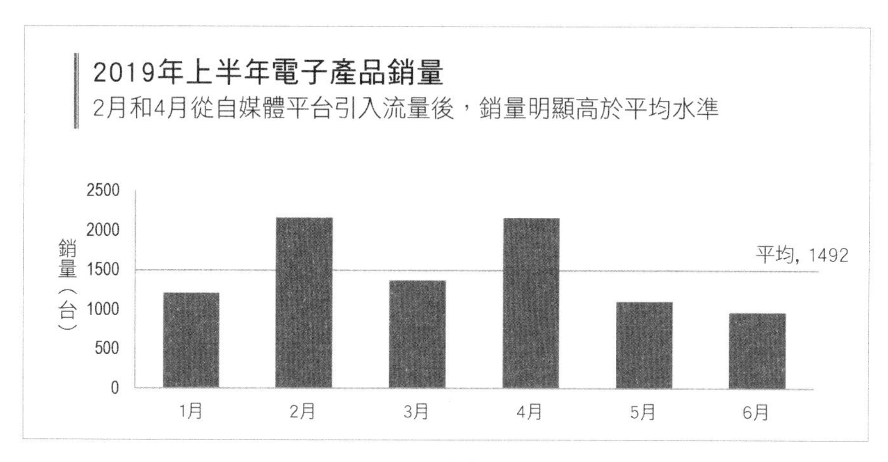

▲ 圖 4-15　追求完美的對比圖

製圖步驟

Step 1 設定組合圖表，如圖 4-16 所示。

① 將「平均」數據選擇為「區域圖」，並讓區域圖在「副座標軸」上顯示。

② 按一下「確定」按鈕。

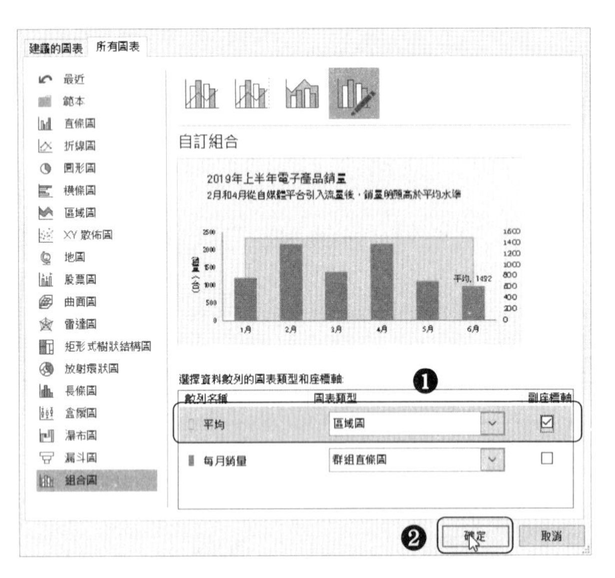

▲ 圖 4-16　設定組合圖表

Step 2 設定座標軸範圍，並增加副水平座標軸，如圖 4-17 所示。

① 按兩下圖表右邊的縱座標軸，打開設定表單。

② 設定座標軸的範圍，使之與左邊的縱座標軸一致，目的是將平均線控制在正確位置上。

③ 增加「副水平座標軸」。

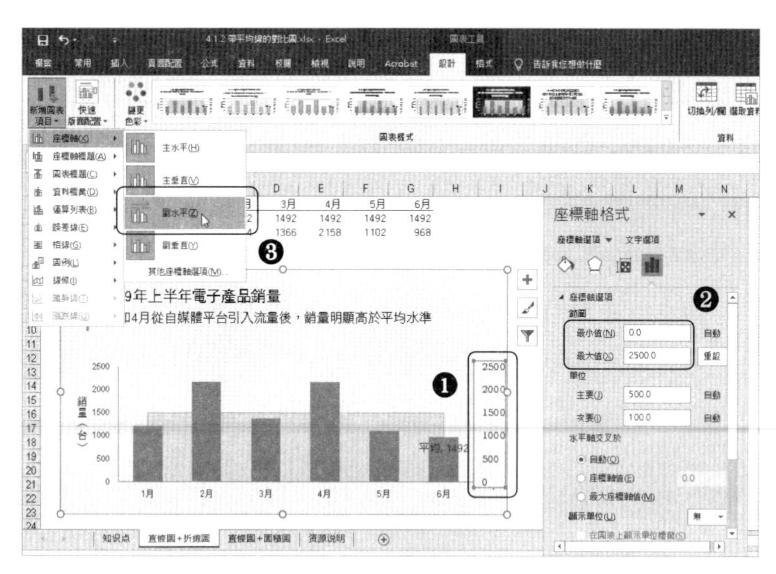

▲ 圖 4-17　增加副座標軸

Step 3 設定座標軸位置，目的是讓區域圖的左右兩端與直條圖對齊，如圖 4-18 所示。

① 選取副水平座標軸。

② 在「座標軸格式」中，把「座標軸位置」設定為「刻度上」。

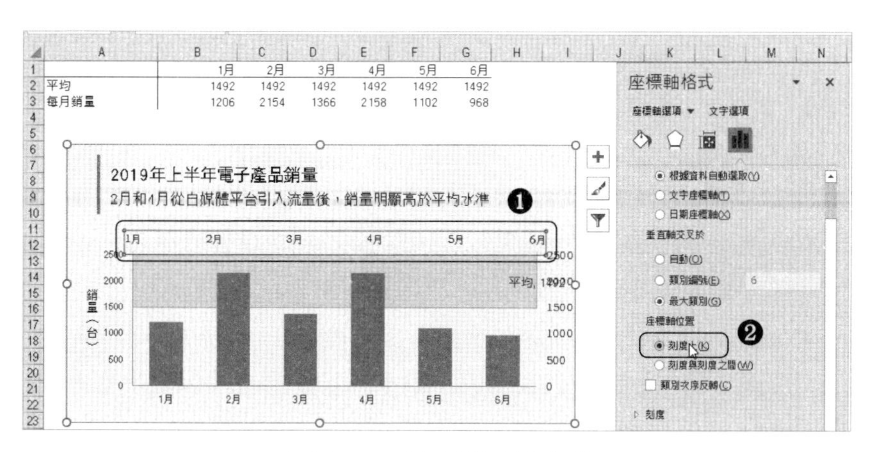

▲ 圖 4-18　設定副座標軸位置

Step 4 設定區域圖填滿格式，讓區域圖最後只顯示出一條橫線，如圖 4-19 所示。

① 選取區域圖，打開「資料數列格」選單，在「數列選項」中，選擇「漸層填滿」方式。

② 類型選擇「線性」、方向選擇如下圖②的「向下」圖示。

③ 將第一個漸層停駐點的顏色，設定為與圖表背景色的相同，位置為 96%，如果想讓線條更粗，可將其設定為 95% 或更小。將第二個漸層停駐點的顏色，設定為平均線顏色，位置為 100%。

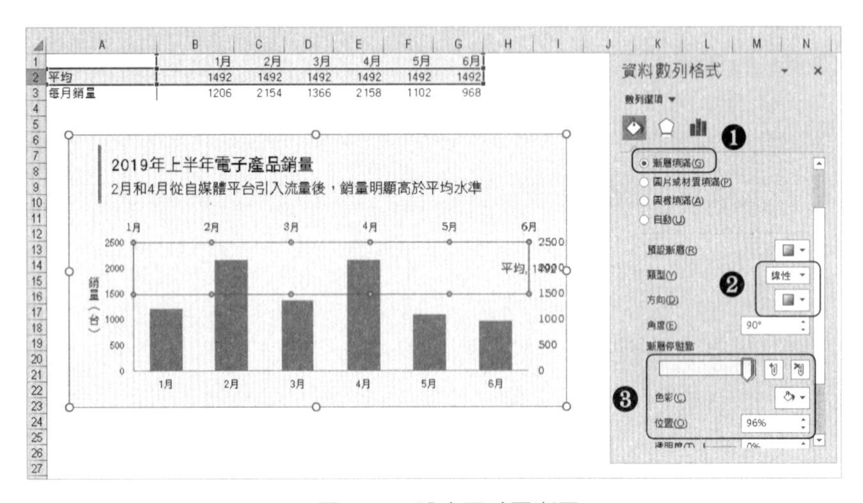

▲ 圖 4-19　設定區域圖漸層

Step 5 隱藏副座標軸，如圖 4-20 所示。

① 選取副水平座標軸，「刻度」下的「次要類型」選擇為「無」。

② 設定「標籤位置」為「無」，並將座標軸的「條線」屬性設定為「無線條」，即可隱藏。接著以同樣的方法，隱藏右邊的副

垂直座標軸。

Step 6 最後美化圖表細節，即可完成圖表製作。

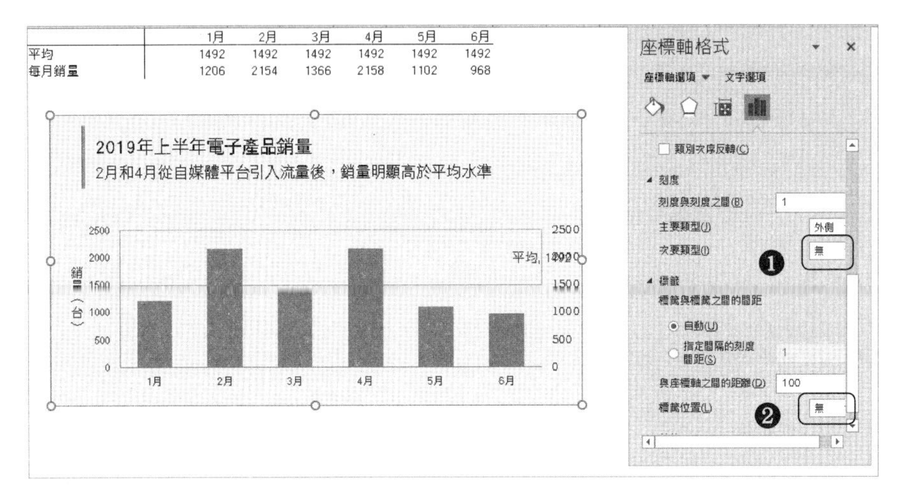

▲ 圖 4-20　隱藏副水平座標軸

4·3 數據有正也有負，如何呈現更清楚？

在製作有負數的對比圖時，要對座標軸屬性及標籤位置另外做設定，才能顯得更加專業。一般來說，紅色代表虧損，因此我們可以用紅色柱條在圖表中代表負數。另外，要注意把直條圖的負數顯示在橫座標軸下方，橫條圖的負數則顯示在縱座標軸左邊。

使用時機

當利潤或銷量負成長時，就需要顯示資料中的負數，讓讀者快速判斷出具體的盈虧狀況。

有負數的直條圖做法

將帶負數的利潤數據製作成直條圖，如圖 4-21 所示。虧損月份用紅色表示（本書以較深色的柱條表示），以便與盈利月份有明顯區分。利用標籤的設計，可使讀者清楚看出盈利及虧損大小。

製圖目標

1. 用圖表呈現每月利潤對比。
2. 使讀者能快速判斷哪些月份盈利、哪些月份虧損。

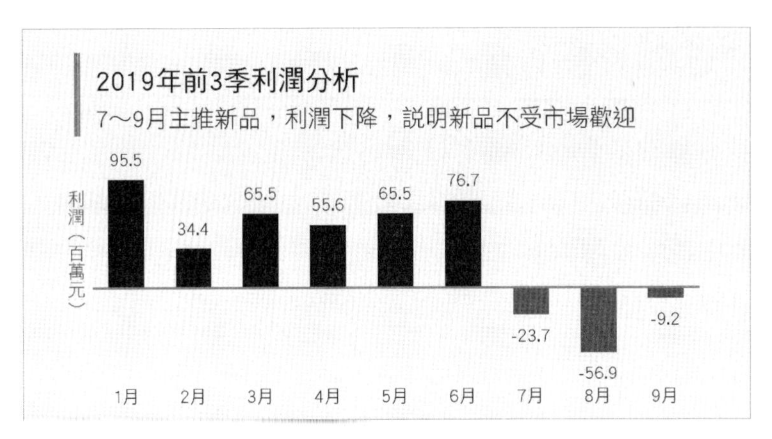

▲ 圖 4-21　有負數的直條圖

將負數柱條的橫座標軸標籤，位於圖表最下方，這樣既美觀，又不會影響負數柱條的顯示。設定標籤屬性的方法如圖 4-22 所示。

製圖步驟

1. 按兩下橫座標軸，打開「座標軸選項」視窗。
2. 將「標籤位置」設定為「低」。如果標籤位置與直條圖太近，則可設定「與座標軸之間的距離」的數值，圖中設定為 400。

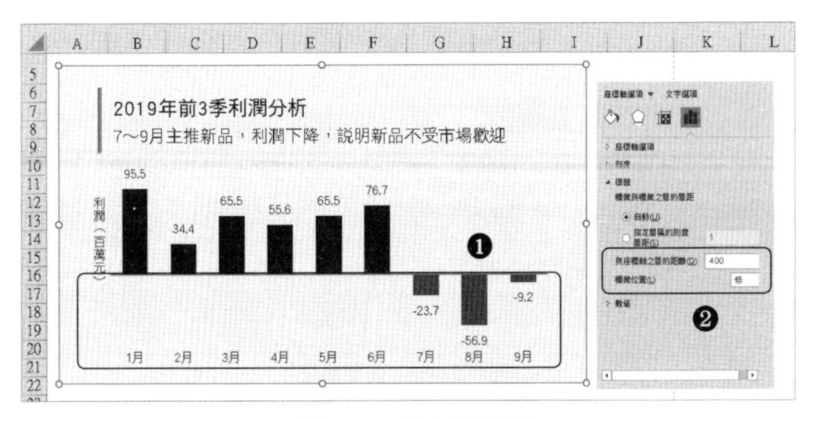

▲ 圖 4-22　設定標籤屬性

有負數的橫條圖做法

有負數的橫條圖如圖 4-23 所示。

製作這種圖表時，比照前述步驟，先點選橫條圖的縱座標軸，將「標籤位置」設定為「低」，並設定「與座標軸之間的距離」數值。橫條圖的負數標籤應在圖表左邊顯示，如圖 4-24 所示。

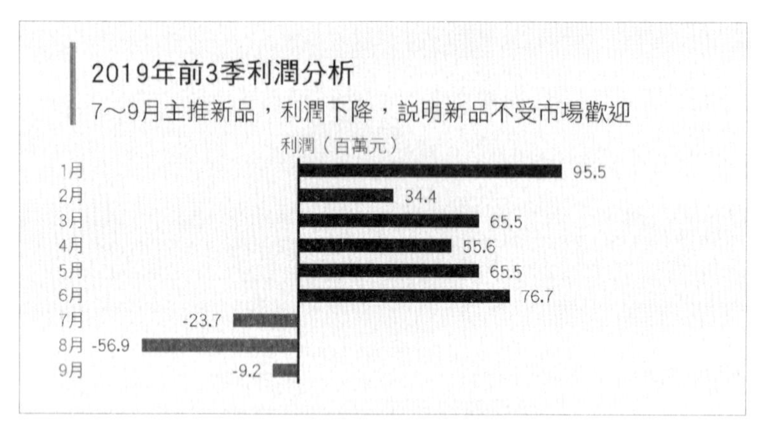

▲ 圖 4-23　帶負數的橫條圖

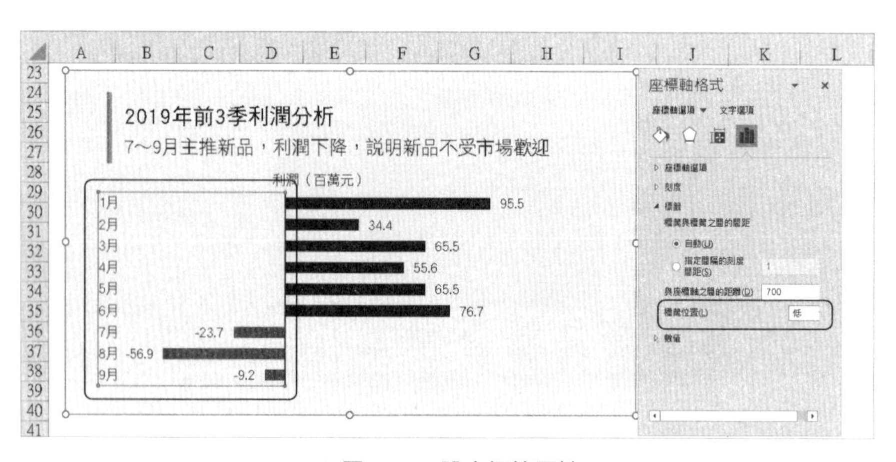

▲ 圖 4-24　設定標籤屬性

小技巧——改變橫條圖資料順序

在將資料製作成橫條圖時，我們常常遇到數據順序顛倒的情況，如從上到下的資料排序為 12 月、11 月、10 月……。此時只需要按兩下縱座標軸，在「座標軸選項」中選擇「類別次序反轉」，就可以快速將資料從上到下調整為 1 月、2 月、3 月……的順序。

4·4 強調某個數據時，如何讓它獨樹一格？

強調單筆數據時

只需要強調單筆數據時，我們可用如圖 4-25 所示的圖表來表達，以改變填滿顏色和增加資料標籤，來強調特殊數據。設定方法很簡單，只需要點擊兩次「2 月」的柱條，並對其單獨設定填滿格式、增加資料標籤。

使用時機

在專案彙報、工作總結、產品分析等情況下，當資料中有特別大、特別小，或其他需要關注及說明的特殊數據時，可在直條圖或橫條圖中強調。

重點速記——對比資料時，4 種強調數據的方法

1. 改變填滿格式。
2. 增加資料標籤。
3. 改變填滿格式也增加資料標籤。
4. 當特殊數據不只一項且相鄰時，可用陰影強調。

製圖目標

1. 以圖表呈現整年的銷售收入對比。
2. 強調銷售收入最高的該月份。

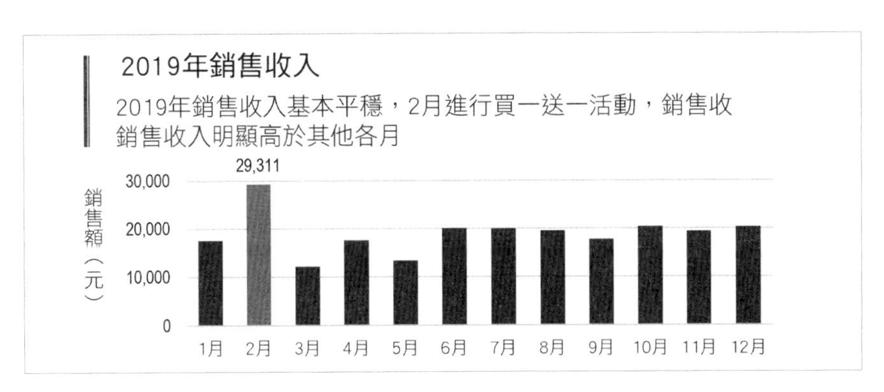

▲ 圖 4-25　改變填滿顏色、增加資料標籤來強調

強調多筆數據時

當圖表要強調的是多筆數據，即一段特殊的數據區間時，我們可用如圖 4-26 所示的帶陰影直條圖來呈現。

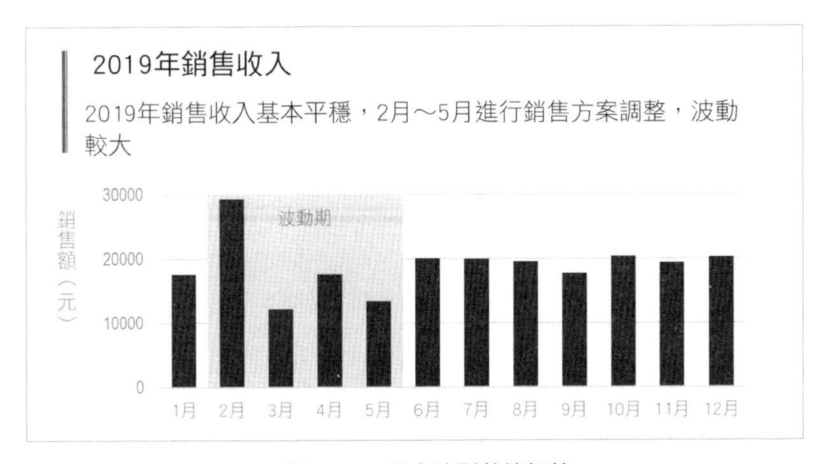

▲ 圖 4-26　設定陰影數據標籤

製圖目標

1. 用圖表呈現全年的銷售收入對比。
2. 強調銷售收入波動較大的一段時期。

製作思路是，先增加輔助資料數列，並將除了輔助資料數列之外的其他資料，設定在次座標軸上，然後調整輔助資料數列的柱條和類別間距，就可做出陰影效果，製作方法如下。

製圖步驟

Step 1 設定輔助數據，如圖 4-27 所示。在表格中增加一欄輔助數據，並取名為「波動期」，該名稱將作為之後的陰影區域名稱。

月份	銷售額	波動期
1月	17,587	
2月	29,311	30,000
3月	12,211	30,000
4月	17,614	30,000
5月	13,398	30,000
6月	20,044	
7月	19,956	
8月	19,527	
9月	17,719	
10月	20,363	
11月	19,372	
12月	20,248	

▲ 圖 4-27　設定輔助數據

Step 2 選取「銷售額」資料數列後，在「資料數列格式」選擇「副座標軸」，如圖 4-28 所示。

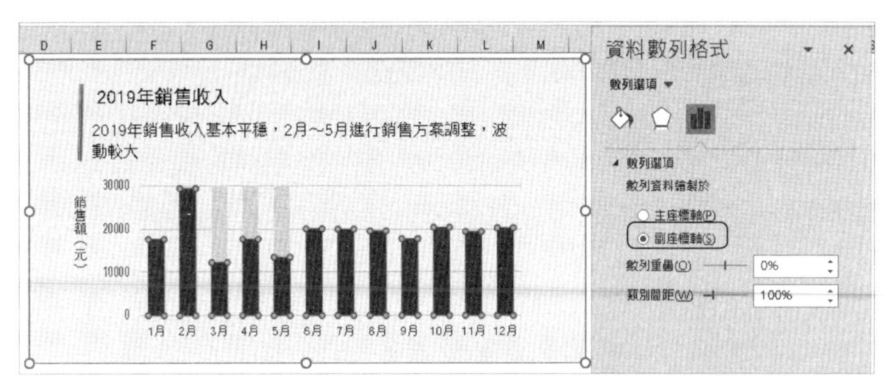

▲ 圖 4-28　設定副座標軸

Step 3 調整輔助資料數列寬度，讓陰影變寬，如圖 4-29 所示。選取「波動期」資料數列，在「資料數列格式」表單中將「類別間距」設定為「0%」。

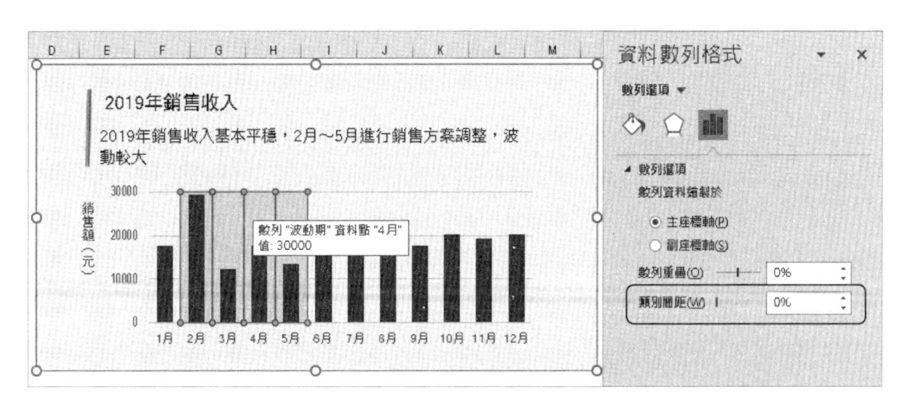

▲ 圖 4-29　調整輔助資料數列寬度

Step 4 設定陰影區的標籤，如圖 4-30 所示。

1. 按兩下輔助數據的資料數列，增加其資料標籤為「波動期」。
2. 在「資料標籤格式」中設定標籤，如勾選「數列名稱」、取消「值」的勾選，即可為陰影區域增加名稱。

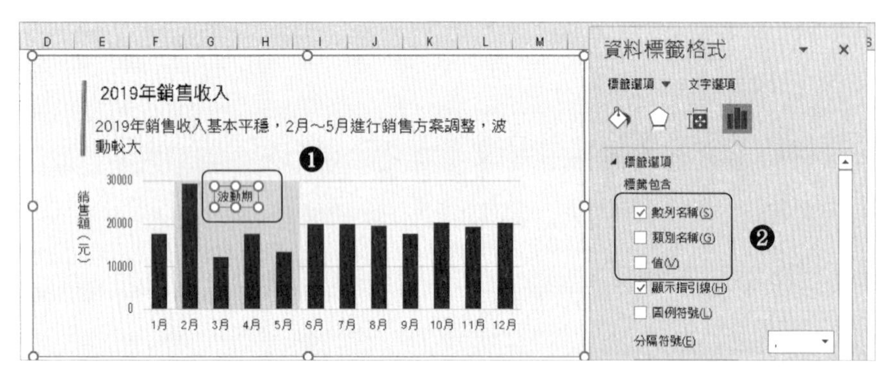

▲ 圖 4-30 設定陰影數列標籤

從本小節的案例我們可以看出，一般人總會不自覺地忽略相同的元素，而注意到不同的元素。所以如果要強調某數據，那麼只需將它們設定為不同的格式即可。

4·5 常見的直條圖和橫條圖，也有超專業作法喔！

當要對比兩組資料，例如對比業務部 A、B 不同月份的業績時，此時直條圖和橫條圖依然是首選。

使用時機

在展示業績、彙報工作時，往往需要呈現兩組資料的對比，我們可使用直條圖或橫條圖製作資料對比圖，由緊密排列的兩組直條或橫條來對比不同數據。

重點速記——兩組資料對比時，怎麼排序

單組資料對比圖通常有唯一的排序標準，兩組資料對比圖則沒有，其排序情況一般如下。

1. 直條圖的資料從左到右，按照由大到小的順序排列。
2. 橫條圖的資料從上到下，按照由大到小的順序排列。
3. 如果資料沒有時間順序，那麼它們可按照字母、級別等順序排列。

以直條圖對比兩組資料

製圖目標

用圖表呈現 1 ～ 4 月事業部 A、B 的業績對比。

兩組資料對比直條圖的做法，與前述單組資料對比直條圖的方法一致。由如圖 4-31 所示的原始資料來建立群組直條圖，設計圖表版型後，即可完成如圖 4-32 所示的圖表。

為了使圖表更加簡潔，我們刪除了縱座標軸和圖例，並使分組資料名稱只在「1 月」的柱條上顯示。圖 4-37 中，我們可以看到要強調的重點是，相同月份的事業部 A 和事業部 B 的業績對比。

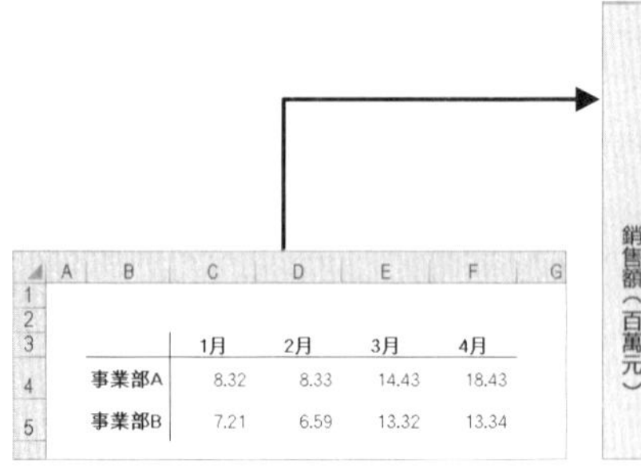

	1月	2月	3月	4月
事業部A	8.32	8.33	14.43	18.43
事業部B	7.21	6.59	13.32	13.34

▲ 圖 4-31　原始資料

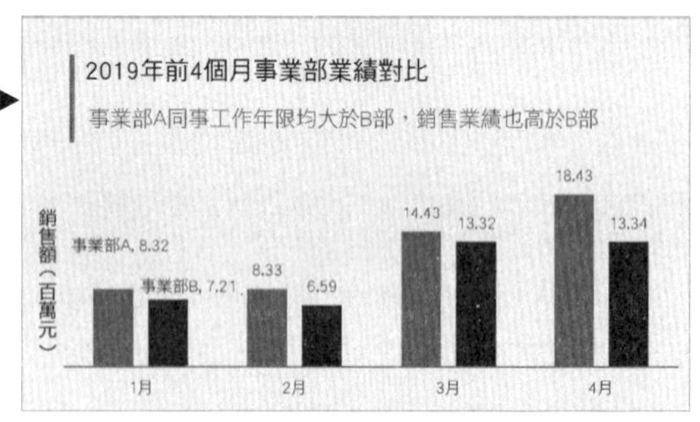

▲ 圖 4-32　同月份不同部門的業績對比

當圖表中有兩組資料時，我們可由切換列或欄，從另一個角度對比資料，如圖 4-33 所示。點選圖表，按一下「資料」選項下的「切換列／欄」按鈕，可得到如圖 4-34 所示的對比圖。這張圖表的對比重點，變成了同一單位下不同月份的業績對比。

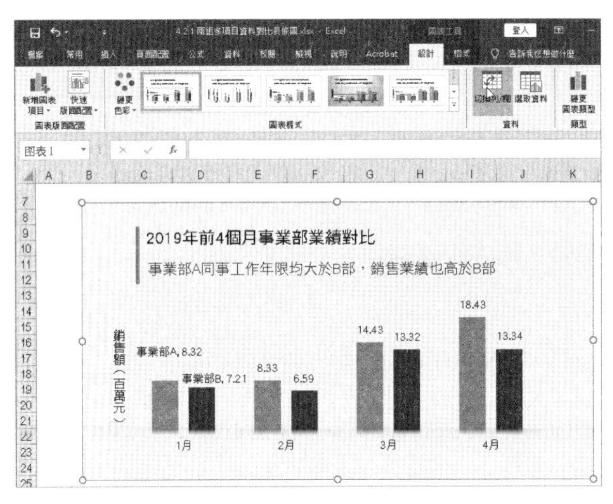

▲ 圖 4-33　切換列或欄

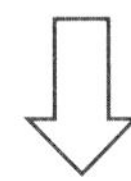

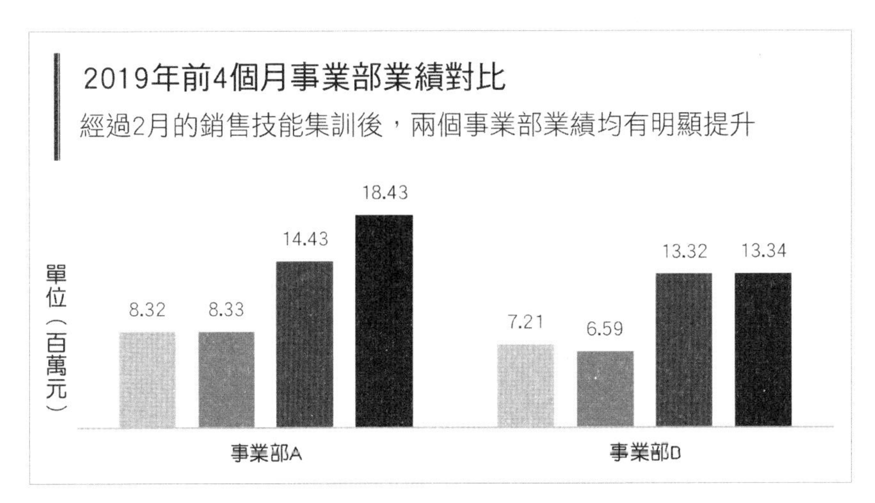

▲ 圖 4-34　同一單位不同月份的業績對比

從本小節的舉例可以得出一個結論，如果要對比數據，那麼只需將它們擺在一起，因為人的視線總是不自覺將鄰近的資料做比較。

以橫條圖對比兩組資料

當需要對比的兩組資料項目數較多時，我們可使用橫條圖，如圖 4-35 和圖 4-36 所示。這兩張圖表是《經濟學人》的兩組多項目對比橫條圖。

重點速記——學習《經濟學人》的 2 個優點

1. 橫座標軸置於圖表上方，並與格線結合，以便讀數。
2. 圖例位置可根據圖表設計靈活變動，一般來說首選位置是圖表左上方。通常圖例應與標題左側對齊，但當圖表右下角空白較多時，它也可移到該處，如圖 4-36 所示。

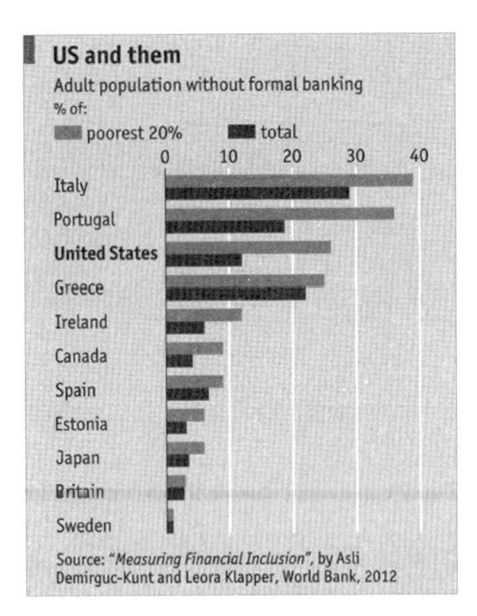

▲ 圖 4-35　《經濟學人》的兩組多項目對比橫條圖 1

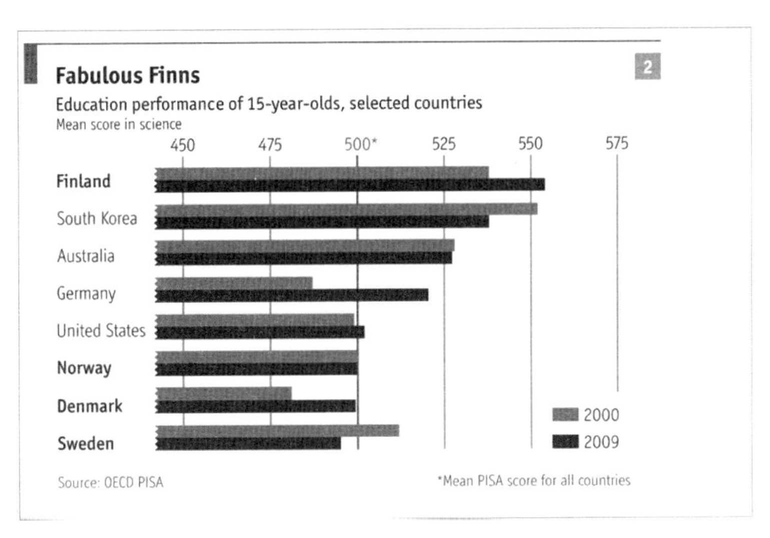

▲ 圖 4-36　《經濟學人》的兩組多項目對比橫條圖 2

利用素材，讓圖表更有畫面

圖 4-37 用代表不同性別的人形素材填滿橫條圖，讓圖表變得生動有趣。製作方法很簡單，只要複製素材圖片，將其貼上資料數列中，再設定填滿格式即可。步驟如圖 4-38 所示。

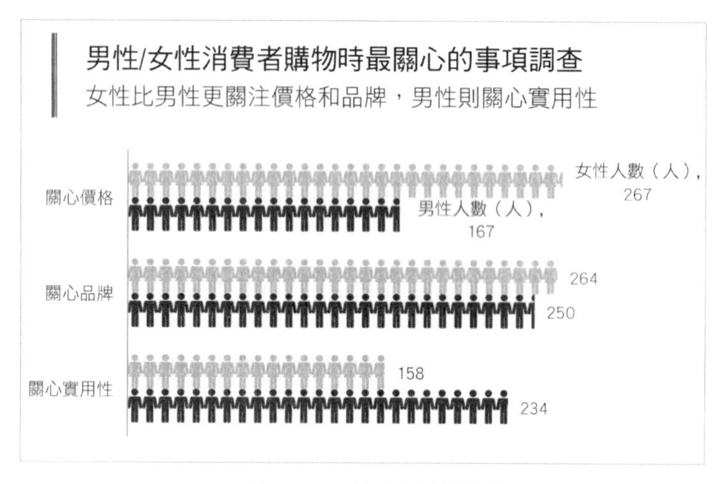

▲ 圖 4-37　人形素材橫條圖

製圖目標

用素材形象化地呈現男性、女性消費者購物時最關心的事項。

製圖步驟

① 選取代表女性的人形素材，按「Ctrl+C」複製。

② 選取圖表中「女性人數」的資料數列，按「Ctrl+V」逐一貼上。

③ 打開「資料數列格式」表單，將填滿方式勾選「堆疊」。

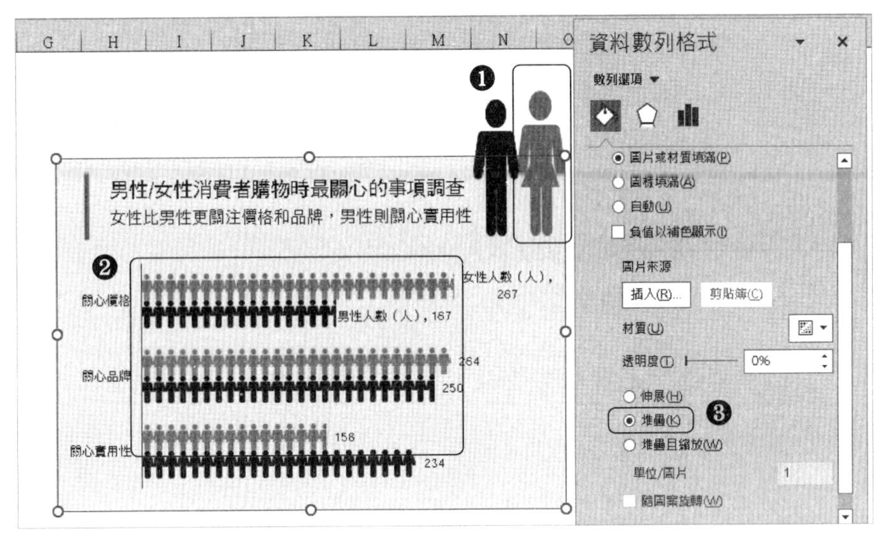

▲ 圖 4-38　用人形素材填滿資料數列

我們用素材圖片填滿圖表時，有許多不同的設計方式，讓圖表更活潑。圖 4-39 是橫條圖 + 散佈圖的組合圖表，它除了以橫條表示利潤大小，還利用金幣填滿散點，生動地表達各分店的利潤總數。

製圖目標

用素材形象化各分公司的利潤對比。

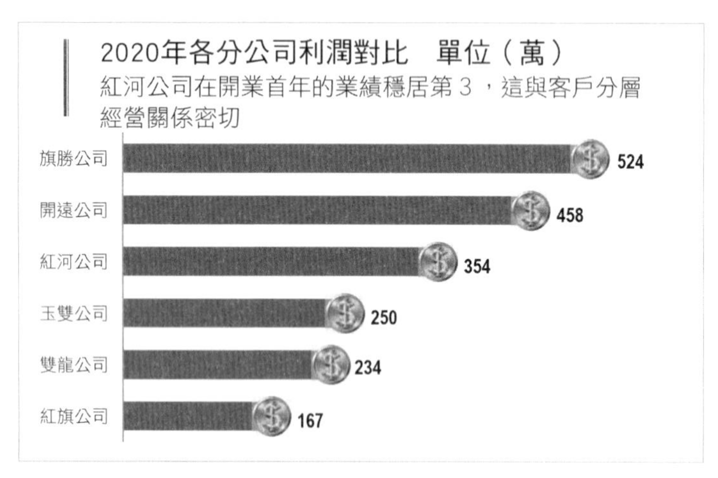

▲ 圖 4-39　橫條圖＋散佈圖的組合圖表

由以上的兩個圖表可知，巧妙利用素材於圖表中，既有美化效果，又能增強圖表的含意。

4·6 試著把資料數列重疊，會讓對比更醒目

使用時機

在財務分析、年終總結時，往往需要強烈對比兩項資料，例如實際費用與預算、今年與去年的某專案數據。

對比兩項資料時，可對直條圖進行巧妙設計，讓代表兩項資料的圖形重疊，如圖 4-40 和圖 4-41 所示的對比圖。

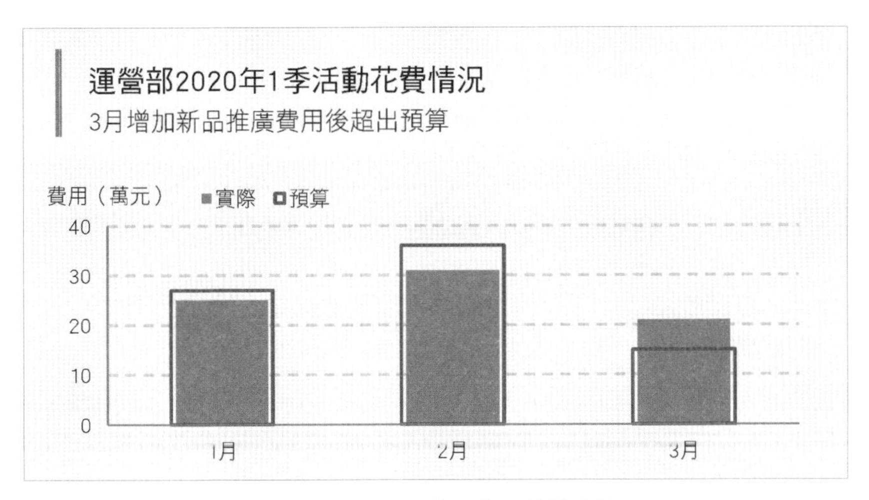

▲ 圖 4-40　實際費用與預算對比圖

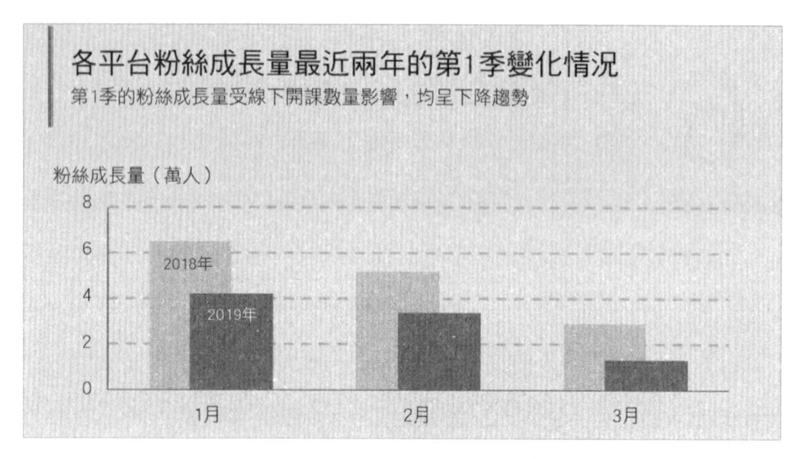

▲ 圖 4-41　專案數據對比圖

製圖目標

1. 用圖表呈現 1~3 月運營部的實際費用與預算費用對比。
2. 使圖表醒目、直接地反映出實際費用與預算費用的差距。

圖 4-40 的實際費用與預算對比圖，製作方式很簡單，重點在於設定座標軸的位置，及資料數列的間距，方法如下。

製圖步驟

Step 1 建立直條圖，如圖 4-42 所示。

① 在表格中輸入原始數據。

② 點選原始數據，做出群組直條圖。

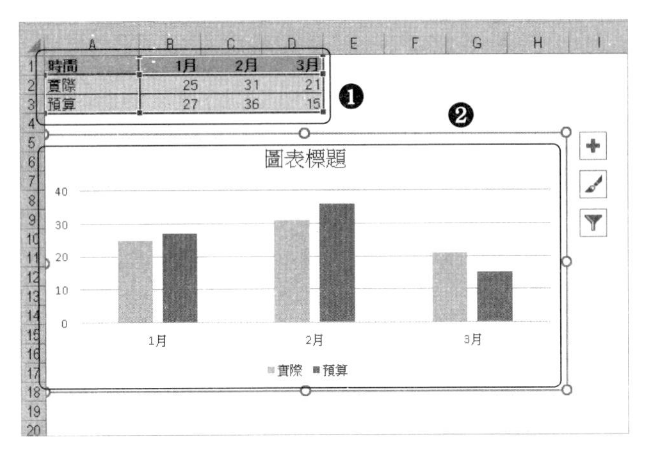

▲ 圖 4-42　做出直條圖

Step 2 將數值相對小的數據設定在副座標軸上。副座標軸的資料數列會顯示在圖表上層，因此將「預算」設定在副座標軸上，可避免被「實際」遮擋，如圖 4-43 所示。

① 選取「預算」儲存格。

② 在「數列選項」功能表中設定「副座標軸」。

③ 設定間距，讓下層的柱條更寬，如圖 4-44 所示。重複 Step 1 後，開啟「資料數列格式」表單，減少「類別間距」數值，讓「預算」的柱條寬度更大。

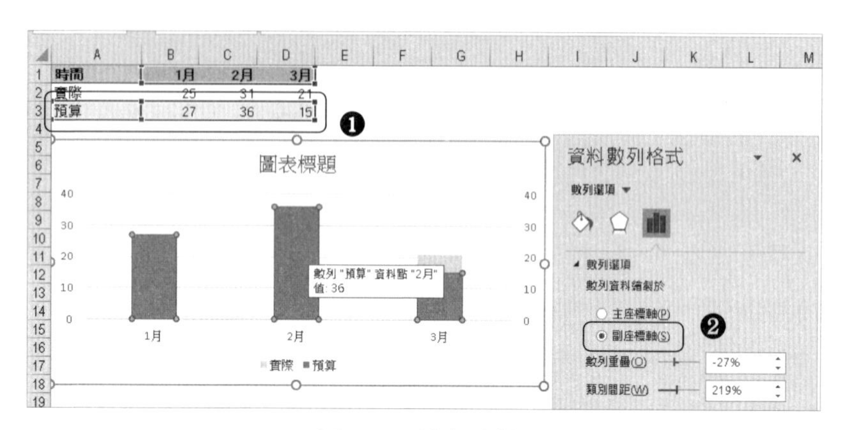

▲ 圖 4-43 設定副座標軸

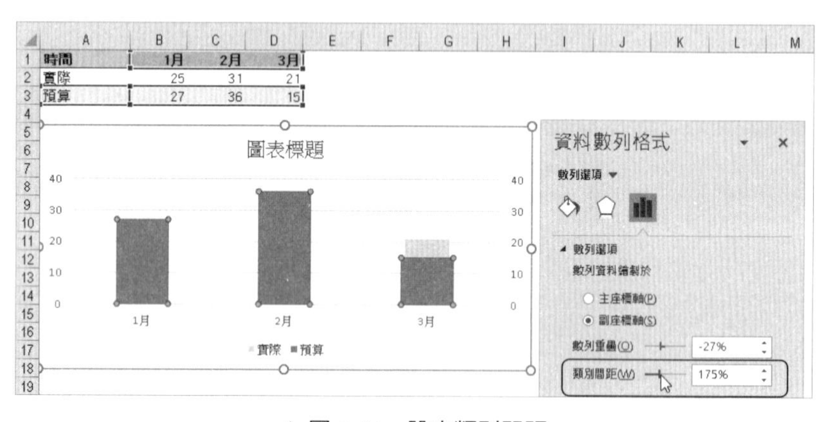

▲ 圖 4-44 設定類別間距

我們利用同樣的思路，可對圖表再次進行「加工」，得到如圖 4-45 所示的年度目標、半年目標、當前完成對比圖。我們將數值相對較大的「年度目標」放在主座標軸上，並適當減小間距、增加柱條寬度，再將其他兩項數據放在副座標軸上。

製圖目標

用適當的圖表，同時呈現年度目標、半年目標與當前完成的數據。

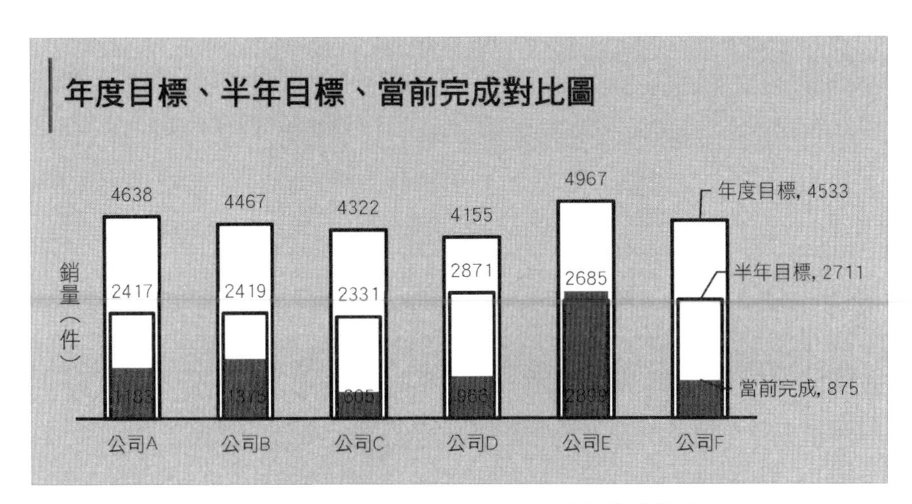

▲ 圖 4-45　年度目標、半年目標、當前完成對比圖

運用巧思，做出有趣的銷售進度圖

在表達實際與計畫、進度等概念時，可用不同顏色或形狀填滿直條圖，如圖 4-46 所示的效果。酒瓶顏色較深的部分表示未完成的目標，較淺的部分表示已完成的目標。

製圖目標

用適當的素材呈現啤酒銷售進度。

其製作思路是，將「實際」的數據設定在副座標軸上，分別用兩種不同顏色的酒瓶圖片填滿「目標」資料數列和「實際」資料數列，並設定填滿格式。

▲ 圖 4-46　酒瓶銷售進度圖

用淺色酒瓶圖片填滿「實際」資料數列後，要設定其填滿方式為「堆疊且縮放」，單位為「800」，如圖 4-47 所示。用深色酒瓶圖片填滿「目標」資料數列後，也要進行相同的設定，目的是讓圖片縮放數值一致，使酒瓶圖片完全重疊。

▲ 圖 4-47　酒瓶圖片填滿的設定方法

第 5 章

分析趨勢這樣做，3 種圖強化細節更清楚！

折線圖和區域圖是兩種最常用的趨勢圖表，前者用來呈現趨勢概況，後者除了能呈現趨勢，還可以用來分析總值變化。

5·1 用折線圖的高低起伏，最能呈現數據趨勢

折線圖是反映一段連續時間內數據變化趨勢的常用圖表，讀者可經由分析折線圖的高低起伏，快速判斷出數據的波動。

使用時機

當圖表不用特別顯示數據大小和累積量時，我們可選用簡單的折線圖。例如分析全年行銷費用變化、上半年產品銷量變化。

折線圖很簡單，掌握細節就能表現出專業

折線圖的使用頻率極高，製作方法也很簡單，但是想做出專業的折線圖，有一些細節需要注意。

重點速記──讓折線圖更專業的 5 個要素

1. 資料應屬於一段連續的時間，而且時間節點應大於或等於 6 個。如果時間節點太少，圖表無法客觀地反映趨勢。
2. 在同一折線圖中，折線數量應不多於 3 條，因為折線太多會造成干擾，讀者反而不容易觀察到趨勢。至於數據項目太多時，我們可以為每個項目單獨建立一張折線圖。
3. 通常情況下，y 軸的起點是零值，改變 y 軸的邊界值，會使圖表失去嚴謹性並誤導讀者。在特殊情況下，可改變 y 軸的邊界值來完整呈現趨勢，但此時應在 y 軸的起點處增加閃電形符號。
4. 格線不可太顯眼，儘量用淺色虛線；折線應占 y 軸高度的 2/3；圖例應放在對應的折線尾部或附近位置。
5. 折線不要太粗或太細，建議設定為 1.5pt 或 1.75pt。

關於第 2 點，圖 5-1 中有 4 條折線，折線交叉重疊下，使讀者無法看出不同 4 位業務員全年業績的趨勢變化。因此，我們如果將每位業務員的業績趨勢拆分，合併放在一張圖表中，如圖 5-2 所示，會使圖表更清楚易懂。

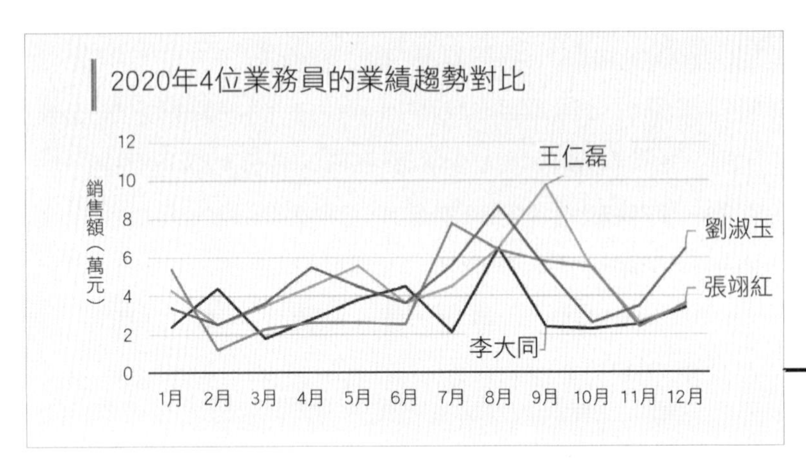

▲ 圖 5-1　將 4 個項目的折線放在一起

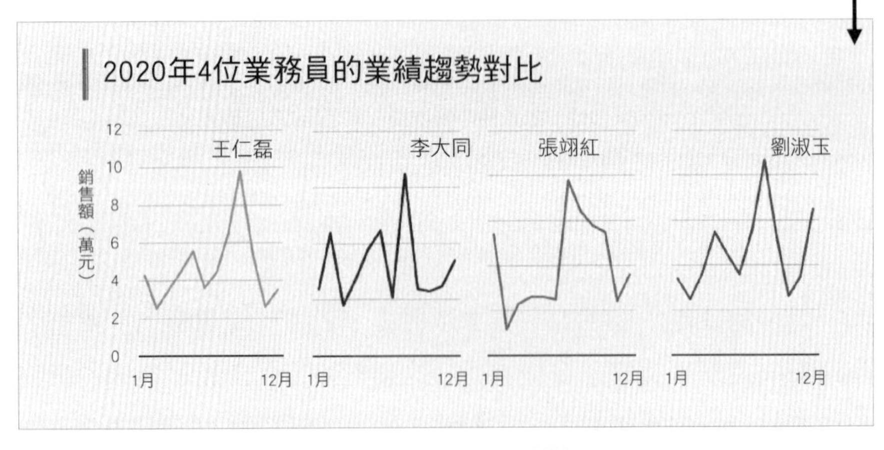

▲ 圖 5-2　將 4 個項目的折線分開

和其他圖表一樣，嚴謹是衡量折線圖是否專業的重要標準。因此，一般情況下，y 軸的起點為零值。但在特殊情況下，若折線的最小值與零差距太大，為了強調趨勢的波動，我們可以調整 y 軸的邊界值。當 y 軸的起點不為零時，圖表中應有閃電形符號作為提醒，如圖 5-3 所示。

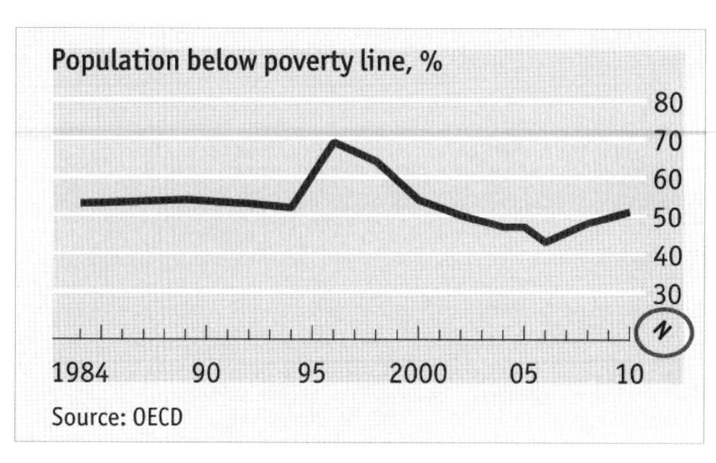

▲ 圖 5-3　y 軸的起點不為零的圖表

製圖目標

1. 用適當的圖表呈現 2 個分店的全年營業額趨勢。
2. 突顯每個月份的時間節點。

在圖 5-4 中，我們根據需求，將 2 個分店的全年營業額數據製作成折線圖，並設定數據標記格式，讓每個月份的營業額以圓點表示，分店名稱位於折線尾部。該趨勢圖的製作方法如下。

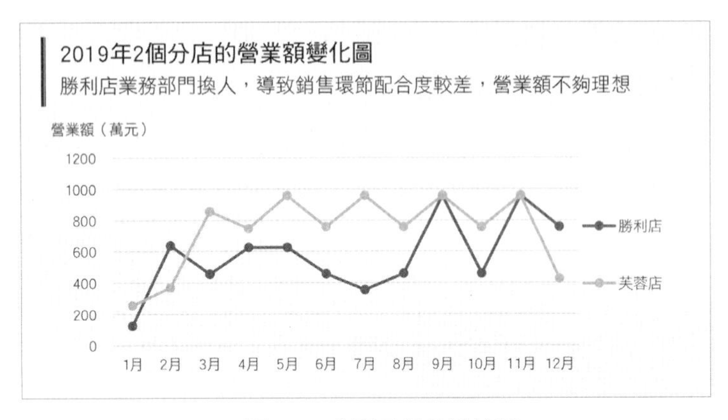

▲ 圖 5-4　突顯月份的折線圖

製圖步驟

Step 1 插入折線圖，如圖 5-5 所示。

① 在表格中輸入 2 個分店的營業額數據。

② 選取數據，建立「含有資料標記的折線圖」。

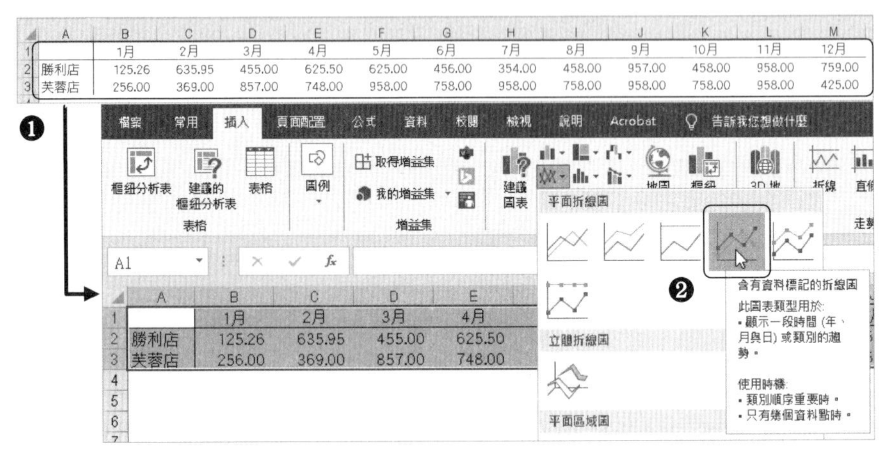

	1月	2月	3月	4月	5月	6月	7月	8月	9月	10月	11月	12月
勝利店	125.26	635.95	455.00	625.50	625.00	456.00	354.00	458.00	957.00	458.00	958.00	759.00
芙蓉店	256.00	369.00	857.00	748.00	958.00	758.00	958.00	758.00	958.00	758.00	958.00	425.00

▲ 圖 5-5　插入折線圖

Step 2 設定折線的顏色、粗細。按兩下「芙蓉店」折線，打開「資料數列格式」視窗，如圖 5-6 所示。

① 切換到「線條」選單下。

② 設定折線的顏色。

③ 將折線的寬度設定為 1.75pt。

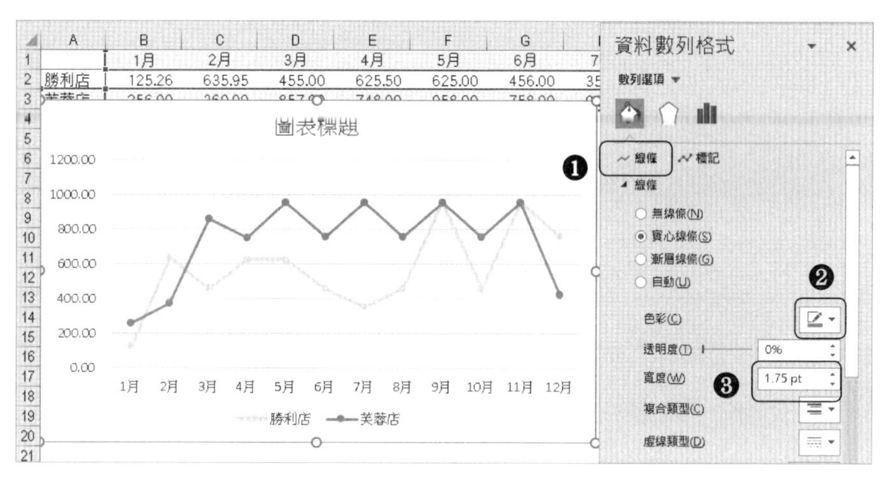

▲ 圖 5-6　設定折線的顏色、粗細

Step 3 設定標記格式，如圖 5-7 所示。

① 切換到「標記」選單下。

② 將標記設定為「內建」類型，並將形狀設定為●，大小設定為 5。

③ 在「填滿」和「框線」功能表中，設定標記的填滿色和框線色，使之與折線顏色一致。

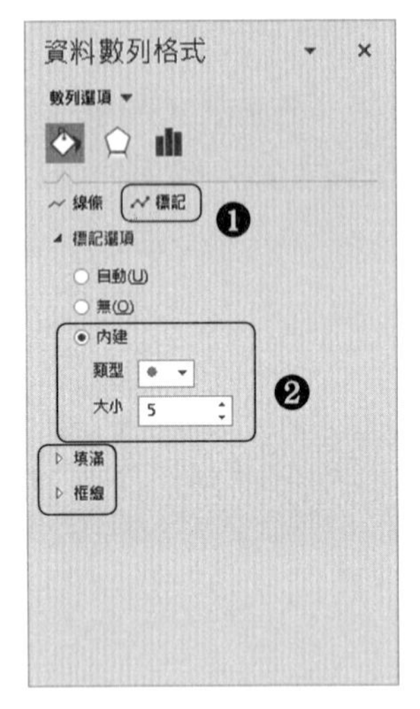

▲ 圖 5-7　設定標記格式

Step 4 設定圖例位置，如圖 5-8 所示。選取圖例，將其移動到折線尾部，並調整圖例框大小，讓圖例名稱與折線位置對應。

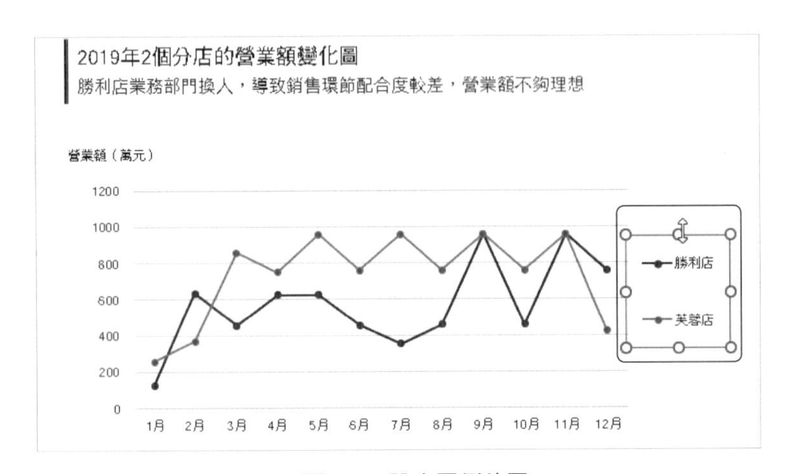

▲ 圖 5-8　設定圖例位置

小技巧——依折線數量不同，圖例的處理技巧

1. 當圖表只有 1 條折線時，我們通常會刪除圖例，因為從圖表標題、座標軸標題中就能知道折線代表什麼項目。
2. 當圖表有 2 條折線時，如圖 5-8 所示，直接移動圖例位置、調整圖例框大小，讓圖例與折線尾部對齊即可。
3. 當圖表的折線數量超過 2 條時，尤其是折線尾部重疊的情況下，直接移動圖例難以讓項目名稱與折線尾部對齊。此時可刪除圖例，並單獨選折線中的某一個數據點，在該點附近增加資料標籤，使資料標籤僅顯示類別名稱，效果如圖 5-1 所示。

弱化時間節點，可美化折線圖

圖 5-4 中的折線圖因為設定資料標記為●，所以其時間節點被強調出來。如果想要弱化時間節點、僅呈現全年趨勢概況，那麼我們可刪除資料標記。方法如圖 5-9 所示，即分別選取折線，設定「標記選項」為「無」，效果如圖 5-10 所示。

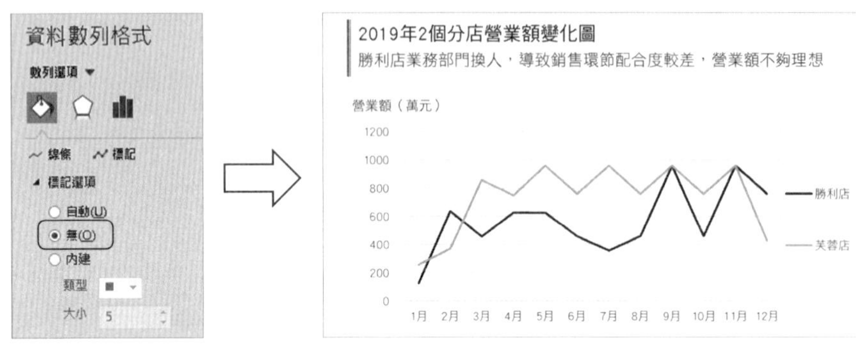

▲ 圖 5-9　取消資料標記

▲ 圖 5-10　沒有資料標記的折線

如果我們需要再進一步弱化時間節點，讓趨勢概況更明顯，可分別選取折線，在「線條」功能表中選擇「平滑線」，如圖 5-11 所示。平滑線趨勢線的效果如圖 5-12 所示，我們可從圖中快速了解整年的營業額波動，而非將注意力集中在某個月份。

▲ 圖 5-11　讓折線變平滑線

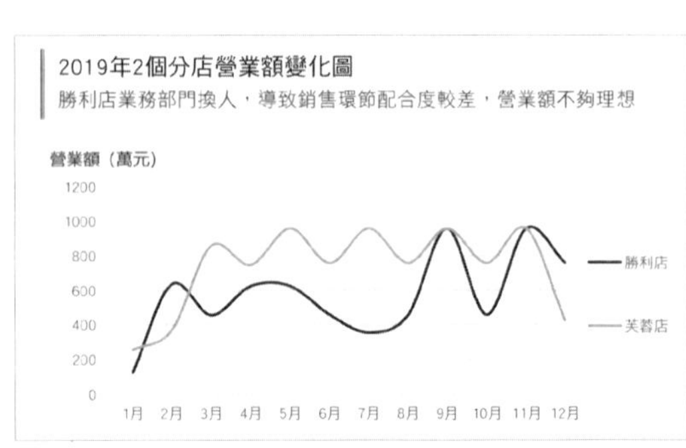

▲ 圖 5-12　平滑的折線

5·2 強調數量累積趨勢時，你最好用區域圖

區域圖其實是在折線圖下方增加陰影，這個陰影可進一步強調資料數列的整體範圍及其與橫座標的距離。因此，區域圖更能表現出數據整體趨勢及與其他資料數列的差值。此外，「堆疊區域圖」比「堆疊折線圖」，更能表現出各資料數列累加值的大小。

使用時機

在分析銷售收入或銷售成本、商品產量趨勢時，圖表不僅需要表現數據的趨勢，還要表現「量」的變化，此時區域圖是首選。

常用的區域圖有兩種，即一般區域圖和堆疊區域圖，兩者的表達重點有所不同。

如圖 5-13 所示的一般區域圖，能以不同顏色的區域，快速對比出銷售收入與銷售成本大小，並經由對比區域間的差距，來判斷毛利的變化趨勢。

製圖目標

1. 呈現銷售收入與銷售成本的變化趨勢。
2. 使讀者能直接判斷出收入、成本、利潤的大小。

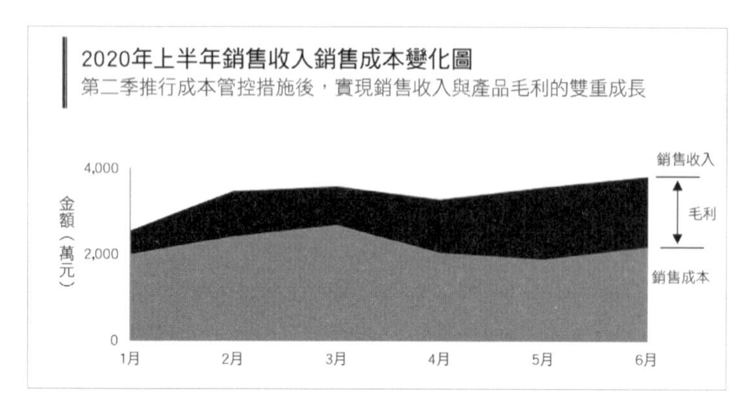

▲ 圖 5-13　一般區域圖

製圖目標

1. 用適當的圖表呈現商品產量趨勢。
2. 用圖表呈現不同廠的生產量。

經過分析，我們做出如圖 5-14 所示的堆疊區域圖。圖表中各廠的產量疊加在一起，表示商品總產量，可由分析不同廠的區域面積，判斷出不同月份的產量。

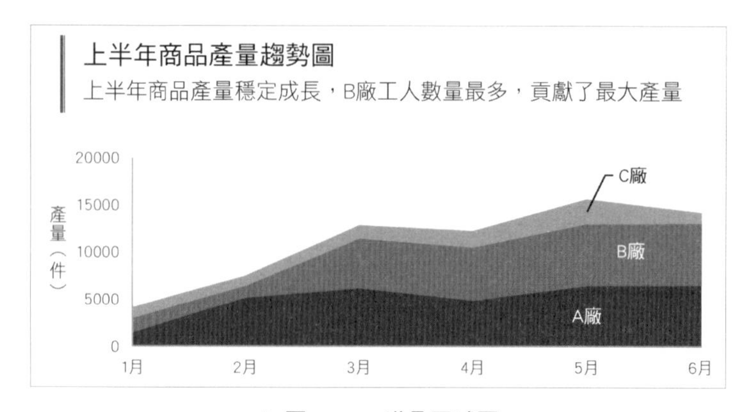

▲ 圖 5-14　堆疊區域圖

重點速記──讓區域圖更專業的 2 個要素

1. 製作一般區域圖時，如果上層區域擋住下層區域，我們可以設定填滿色透明度，來顯示出下層區域。
2. 在製作堆疊圖區域圖時，各面積的填滿色，從上到下應由淺入深，否則區域圖會顯得頭重腳輕。

一般區域圖和堆疊區域圖的製作方法比較簡單，只需要選取數據，按一下「區域圖」按鈕或「堆疊區域圖」按鈕，再設定圖表細節即可。下面以圖 5-13 的圖表為例，講解製作方法。

製圖步驟

Step 1 建立圖表，如圖 5-15 所示。

① 在表格中輸入數據後選取。

② 按一下「區域圖」按鈕，圖中所選的是「平面區域圖」。

▲圖 5-15　建立圖表

Step 2 設定區域圖填滿色，先選取銷售收入的資料數列區域，如圖 5-16 所示。

① 填滿方式選擇「實心填滿」。

② 按一下「色彩」按鈕。

③ 選擇一種填滿色。

最後用同樣的方法為銷售成本資料數列區域，設定填滿色。

如果不想讓上層的銷售成本資料數列區域，擋住下層的銷售收入資料數列區域，只需要再為銷售成本資料數列區域，設定「透明度」數值即可。

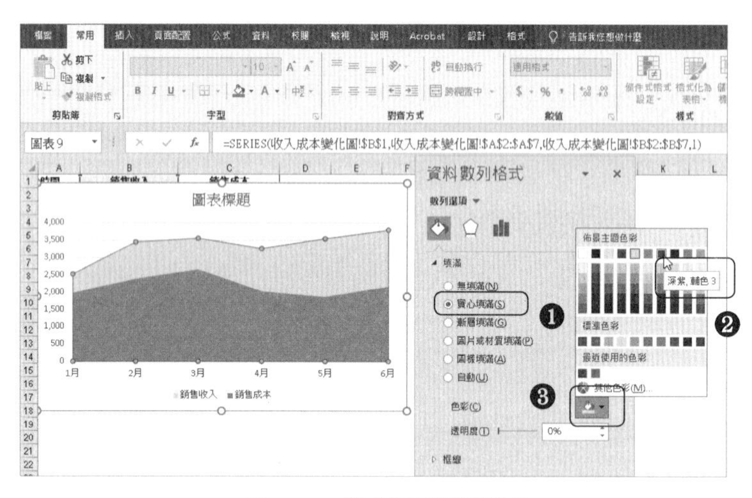

▲ 圖 5-16　設定區域圖填滿色

5·3 用直條圖看出趨勢，簡單就能做出對比

直條圖的主要作用是對比數據的大小，其實我們藉由分析柱條的高低起伏，和折線圖一樣也可以判斷事物的趨勢。只不過直條圖與折線圖使用時機有所不同，兩者不可混用。

直條圖與折線圖的不同作用

當需要呈現價格、比率或「某時間點」的數據的變化趨勢時，我們可以選擇折線圖。折線圖擅長以各數據點之間的連線，來反映不同時間點的變化趨勢。

例如我們要呈現產品的價格趨勢時，可以用如圖 5-17 所示的折線圖，來反映不同時間點的價格情況及價格趨勢。

▲ 圖 5-17　用折線圖呈現趨勢

但如果要反映的是數據在「某個時段」內的變化，如全年銷售收入、銷量的變化，那麼我們需要將時段內的數據列出後進行對比，此時選擇直條圖。

製圖目標

1. 用適當的圖表呈現電子產品全年銷量趨勢。
2. 以圖表來對比不同月份的產品銷量。

根據需求，我們製作出如圖 5-18 所示的圖表，以柱條的高低，來判斷銷量對比和趨勢。

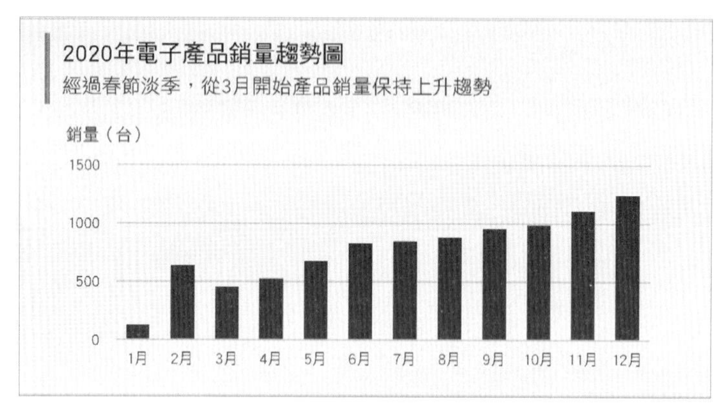

▲ 圖 5-18　用直條圖呈現趨勢

第6章

分析組成結構這樣做，讓數據看起來更活潑！

結構分析類圖表的應用十分廣泛，主要有圓形圖、環圈圖、樹狀圖等。可根據表達的目的和側重點，選擇相應的圖表類型。

6·1 圓形圖或環圈圖，最能表現數據占比

一個完整的圓形圖或環圈圖代表 100%的百分比，讀者可經由觀察圖表的扇形大小、環圈分段，來了解各項目的占比。

使用時機

在需要同時滿足以下兩點需求的情況下，圓形圖或環圈圖是理想選擇。

1. 在分析消費者職業占比、市場占有率等資訊時，數據的表達重點是占比，而非具體數量。
2. 需要觀察、分析不同專案，在同組資料中所占的比重時。

以圖 6-1 的圓形圖及圖 6-2 的環圈圖為例，讀者可由扇形大小、環圈的分段，快速了解消費者的職業分佈。扇形和環圈的分段，從 12 點鐘的位置開始，沿順時針方向從大到小排列，這有利於讀者快速看出職業分佈的對比，並快速掌握各職業的占比概況。

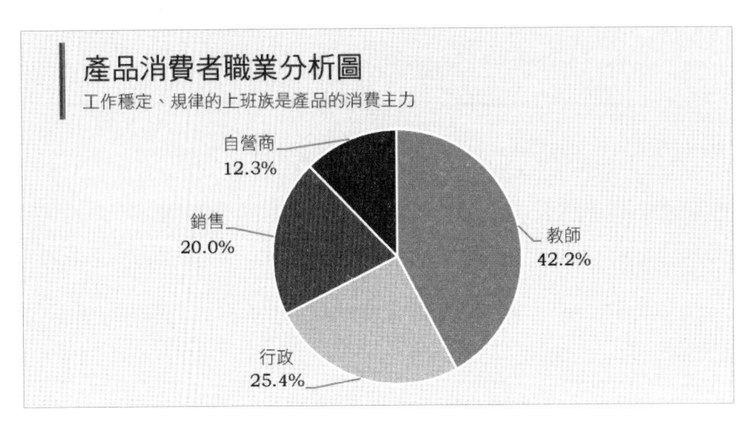

▲ 圖 6-1　用圓形圖表現一組數據的百分比

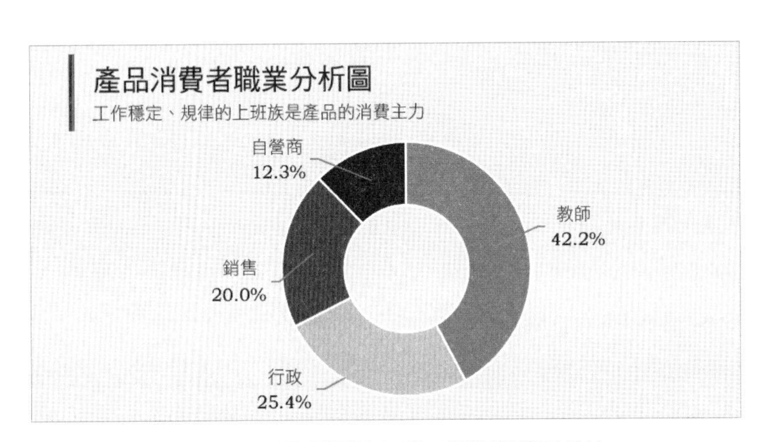

▲ 圖 6-2　用環圈圖表現一組數據的百分比

下面根據專業圓形圖的 4 個重點，介紹如何製作如圖 6-1 所示的圖表。圖 6-2 的製作方法與圖 6-1 相似，便不再贅述。

重點速記——從 4 個方面入手，把制式的圓形圖變專業

Excel 預設的圓形圖，經過「加工」才能更合理地呈現數據，可從以下 4 個方面來強化圖表設計。

1. 數據依照順時針方向從大到小排列，最大的扇形從 12 點鐘的位置開始。
2. 刪除圖例，讓資料標籤在扇形附近顯示，資料標籤要有數據占比和名稱。
3. 控制數據的項目。一個圓形圖的數據，最好不超過 6 個，否則扇形太多，會弱化數據的顯示效果。
4. 圖表上不要有太小的數據，尤其是接近零的值，否則扇形區會因面積太小而難以識別。

製圖目標

1. 用圖表呈現不同職業的消費者人數占比。
2. 使讀者能快速了解從事哪些職業的消費者較多、從事哪些職業的消費者較少。
3. 使讀者能快速對比從事不同職業的消費者人數占比。

製圖步驟

Step 1 對原始數據進行排序，如圖 6-3 所示。

① 在 Excel 表格中輸入原始數據。

② 選取 B1 儲存格，按一下「排序與篩選」選項下的「降冪」按鈕，使數據從大到小排列，目的是讓圓形圖的扇形也從大到小排列。

Step 2 建立圓形圖，如圖 6-4 所示。

① 選取原始數據。

② 按一下「插入」選單下的「圓形圖」選項，圖中所選的是「平面圓形圖」。

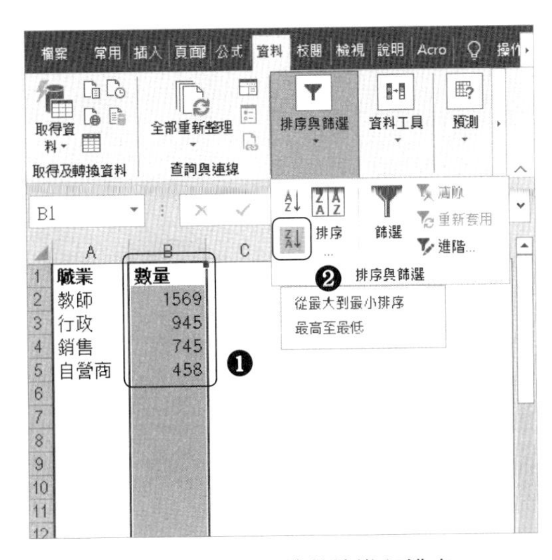

▲ 圖 6-3　對原始數據進行排序

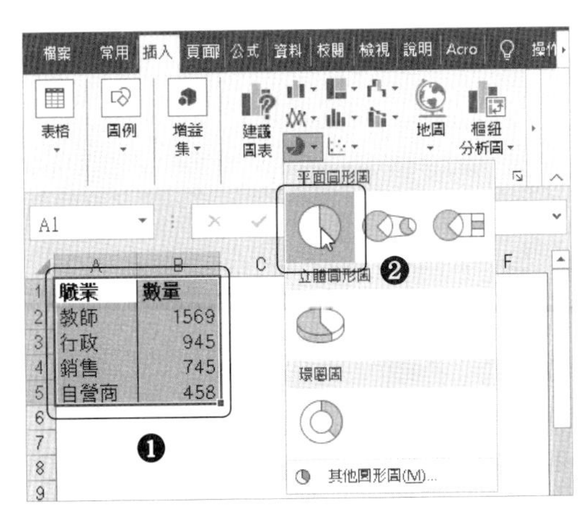

▲ 圖 6-4　建立圓形圖

Step 3 調整扇形角度，如圖 6-5 所示。調整「第一扇區起始角度」數值，讓最大扇形從 12 點鐘的位置開始顯示。

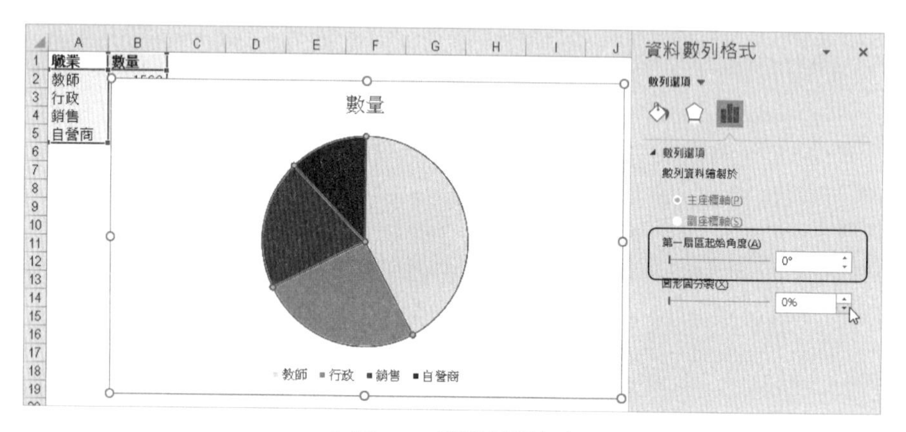

▲ 圖 6-5　調整扇形角度

Step 4 刪除圖例，設定資料標籤。資料標籤的設定方法如圖 6-6 所示，即在「資料標籤格式」中的「標籤選項」下勾選「類別名稱」、「百分比」、「顯示指引線」。

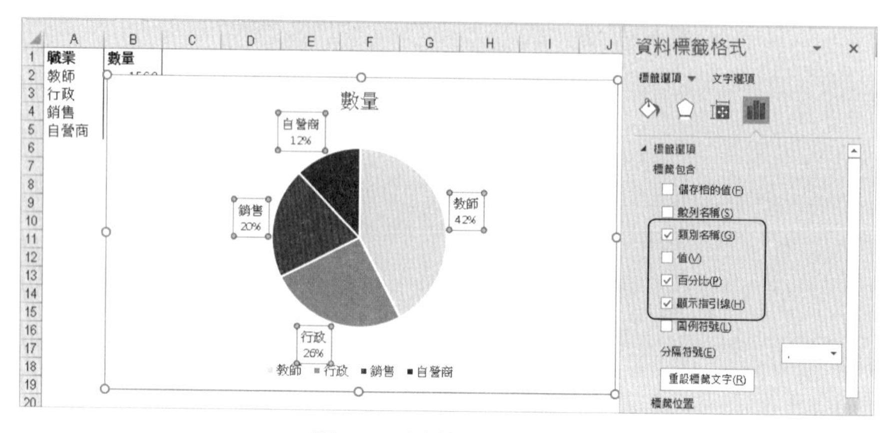

▲ 圖 6-6　資料標籤的設定方法

Step 5 設定百分比小數位數，如圖 6-7 所示。在「數值」表單中，類別選擇「百分比」，小數位數設定為「1」，這樣可讓扇形附近的資料標籤，顯示至小數點下 1 位的百分比數據。接下來只需要再細部調整資料標籤的位置，設定圖表顏色，即可完成該圖表的製作。

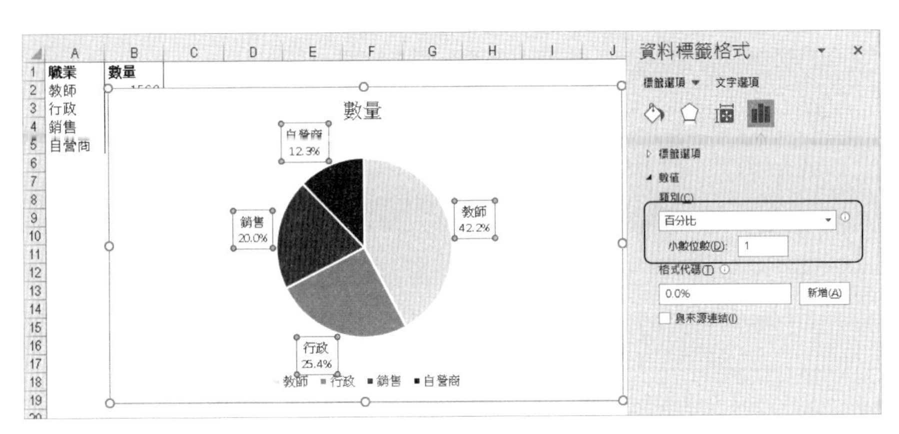

▲ 圖 6-7　設定百分比小數位數

6·2 數據如何呈現更活潑，你可以這樣做！

以個別的圓形圖，顯示不同項目的占比

圓形圖的每個扇形代表不同的項目。對於一個完整的圓形圖，人們通常比較注意最大及最小扇形，不會過於關注其他區塊。這是一般圓形圖的局限，即無法強調每個項目的占比，也無法動態展示各項目的數據變化過程。但以下介紹的個別圓形圖，可突破此類圖表的使用局限。

使用時機

在下面兩種情況下，我們可考慮把一個圓形圖拆分成多個圓形圖，來單獨呈現每個項目的占比。

1. 在分析產品市場占有率時，需要強調並分析每個產品的市場占有率時。
2. 如果需要顯示某業務員業績的動態變化過程，可將不同時期的業績置於個別的圓形圖中，從而看出業績所占百分比越來越大或越來越小的動態。

製圖目標

1. 用適當的圖表，展示產品進入市場 3 年間的每年市場占有率。
2. 用圖表呈現市場占有率的動態變化。

結果會如圖 6-8 所示，這種分開的圓形圖，能讓每項數據受到同等關注，並且讓圖表更顯簡潔。此外，連續的圓形圖還能呈現數據的動態變化過程。

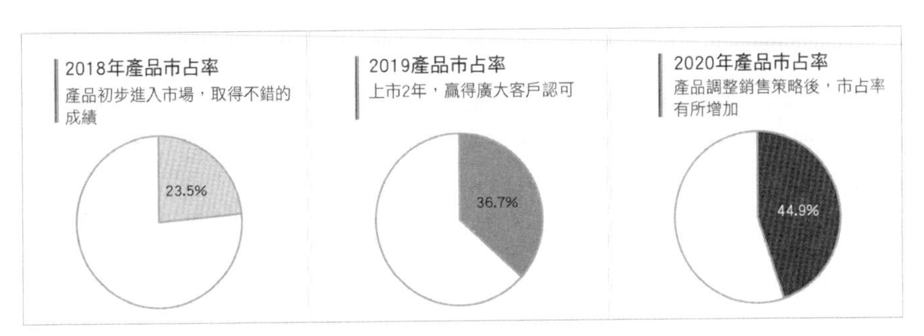

▲ 圖 6-8　產品市場占有率圖圓形圖

小技巧——隱藏扇形區的方法

以上使用了隱藏扇形區的方法，方法是設定「無填滿」格式。沒有填滿色的扇形區看起來像是白色的，這種方法適用於白色或淺色背景的圖表。以下還有另外兩種隱藏扇形區的方法，可根據不同情況選擇使用。

1. 將扇形區填滿色的「透明度」數值設定為 100%，讓扇形區消失，這時如果扇形區下層有其他內容，它們就會被顯示出來。

2. 使扇形區的填滿色與圖表的背景顏色相同。例如，背景顏色是藍色，扇形區也設為藍色的情況下，也能做出隱藏效果。與填滿透明不同的是，若扇形區下層有其他內容，這些內容則不會顯示出來。

只有一項數據的圓形圖，也可以美觀不單調

當圓形圖只有一項百分比數據時，因為圖表元素太少，可能會顯得過於單調，下面提供另外兩種製圖方式，來提高此類圓形圖視覺上的效果。

製圖目標

1. 用適當的圖表呈現電子產品市場占有率。
2. 讓圖表簡潔美觀。

1. 隱藏一部份的環圈圖

先將數據做成一個完整的環圈圖，再隱藏其他市場占有率，只留下電子產品占有率，如圖 6-9 所示。

▲ 圖 6-9　只有一項數據的環圈圖

圖 6-9 中的環圈圖的製表方法是，將圖 6-10 中的 A1:B2 儲存格此原始數據，做成第一個環圈圖，再同樣選取 A1:B2 儲存格區域的數據，做成另一個環圈圖。

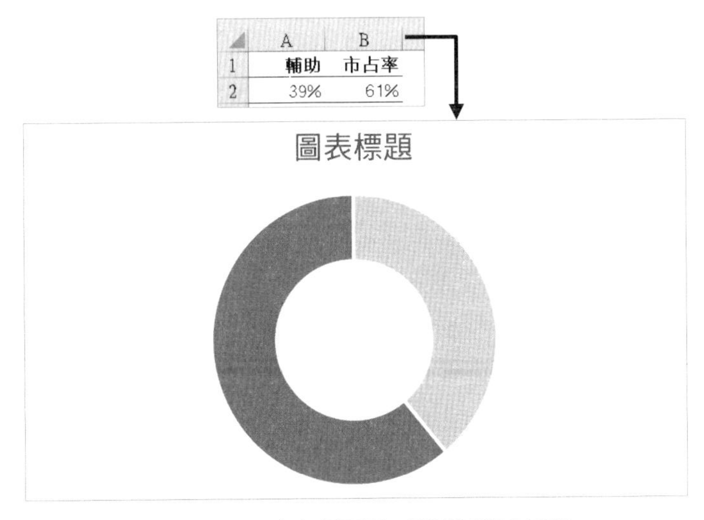

▲ 圖 6-10　建立環圈圖＋環圈圖組合圖表

此時圖表變成了環圈圖＋環圈圖，即兩層環圈疊加在一起。接下來只要設定圖表的填滿、框線及環圈的大小格式，就能完成圖 6-9 的效果。

2. 環圈圖＋圓形圖的組合

為了讓只有一組數據的圓形圖更加美觀豐富，我們製作出如圖 6-11 所示的組合圖表，下層的環圈圖代表 100%的市場占有率，而上層的扇形區為新產品 24%的市場占有率。

製圖目標

1. 用適當的圖表展示新產品市場占有率。
2. 讓圖表美觀且不單調。

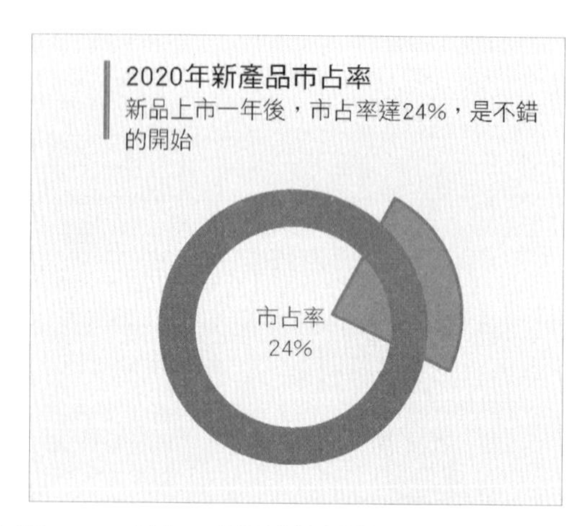

▲ 圖 6-11　只有一項資料的環圈圖＋圓形圖組合圖表

圖 6-11 的製作方法，如圖 6-12 所示，將「輔助」數據和「市占率」數據做成成圓形圖、將「環圈」數據製作成環圈圖，並使圓形圖位於副座標軸上，目的是使圓形圖顯示在上層。

之後設定圓形圖的「第一扇區起始角度」及「圓形圖分裂」數值，即可做出大致效果。接下來設定圖表的填滿和框線格式，即可完成製作。

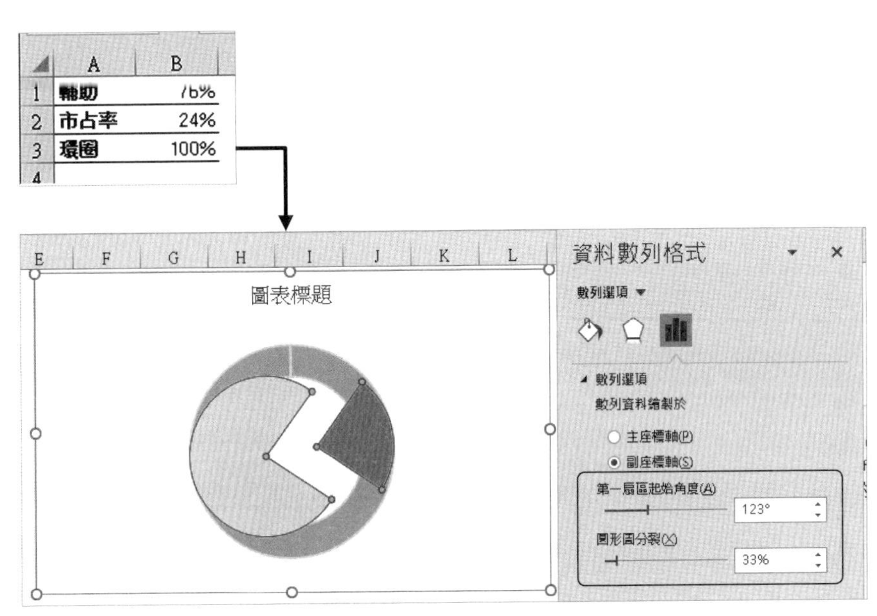

▲ 圖 6-12　建立環圈圖＋圓形圖組合圖表

圖像化的披薩圓餅圖

圓形圖又稱作「圓餅圖」，其中的「餅」字很有象徵意義，這種圖表用餅的切片大小代表百分比。為了使圓形圖更形象化、更生動，我們可用圓形的餅狀、球狀等素材圖片，將資料數列填滿，製作出具視覺化的圖表。如圖 6-13 所示，用披薩切片的大小代表不同季的營業額。

製圖目標

用適當的圖表形象化披薩店 4 個季的營業額百分比。

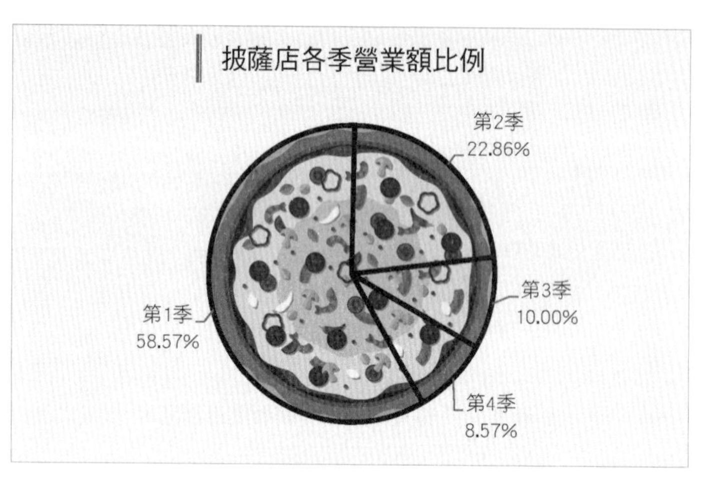

▲ 圖 6-13　披薩店各季營業額圓形圖

圓形圖填滿方法的特殊之處在於，素材圖片要填滿在「繪圖區」，而非資料數列，設定的方法如圖 6-14 所示。

1. 用素材圖片填滿「繪圖區」。
2. 設置圖片的偏移度，讓圖片位置與圓形圖輪廓完全重合。

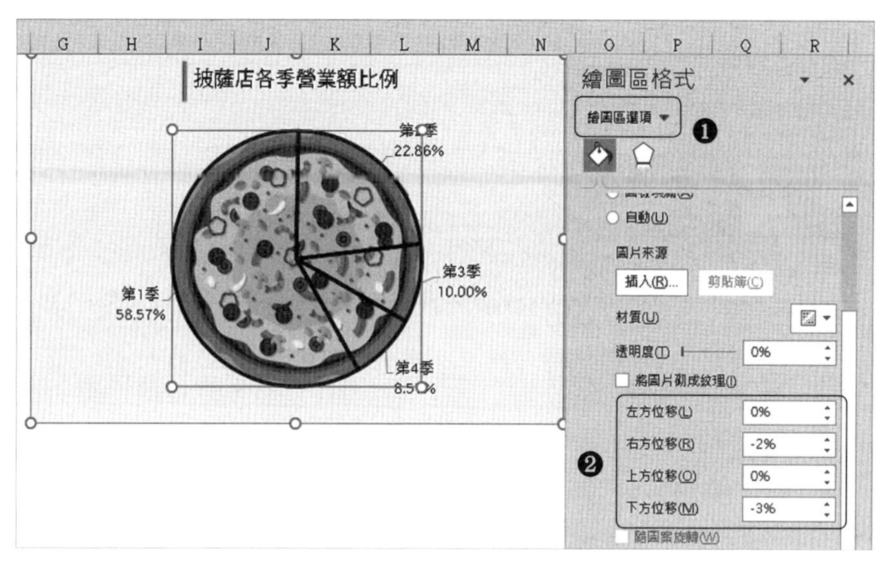

▲ 圖 6-14　設定圓形圖素材的填滿方法

6·3 用複合圓形圖，就能看出更小的數據

6・1 節中，提到製作圓形圖時，數據不宜超過 6 項，而且不能有太小的數據。但如果必須呈現較小的數據時，該怎麼辦呢？我們可以利用本節介紹的複合圓形圖來表示，複合圓形圖包括「子母圓形圖」和「複合條圓形圖」。

使用時機

當圖表需同時滿足以下兩種情況時，可利用複合圓形圖。

1. 分析商品銷量、銷售額等資料時，數據超過 6 項。
2. 資料中有較小的數據，尤其當較小的數據可以歸為一類時，應使用複合圓形圖。當小數據和大數據「同類項」時，選擇子母圓形圖；而小數據和大數據「不同類項」時，應選擇複合條圓形圖。

大小數據同類項時，用子母圓形圖

製圖目標

1. 用圖表呈現不同服裝商品的銷量百分比。
2. 使銷量百分比較少的商品數據，也能清楚呈現。

結合製圖目標和數據後，我們發現銷量較少的項目（如內搭衣、襪子、細肩帶背心）都可以歸類為「內衣」項，而「內衣」和「裙子」等較大的數據同屬服裝商品。因此，我們製作出如圖 6-15 所示的子母圓形圖，使較小的數據在子圓形圖中，也能清楚被看到。

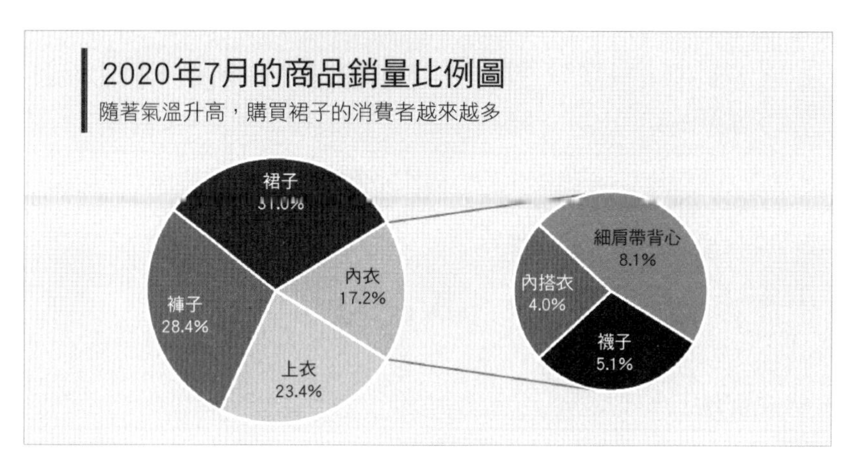

▲圖 6-15　用子母圓形圖表現一組資料

子母圓形圖和複合條圓形圖的製作困難點，在於如何讓較小的百分比數據在子圓形圖、直條圖中顯示。Excel 提供了「位置」、「值」、「百分比值」及「自訂」4 種分隔方法。其中，「值」的分隔方式比較常用，也容易操作。其原理是，根據數字的大小，使小於某個值的數據在子圓形圖、直條圖中顯示。

圖 6-15 子母圓形圖的分隔設定如圖 6-16 所示，該操作可讓數值小於「500.0」的數據，在子圓形圖中顯示。

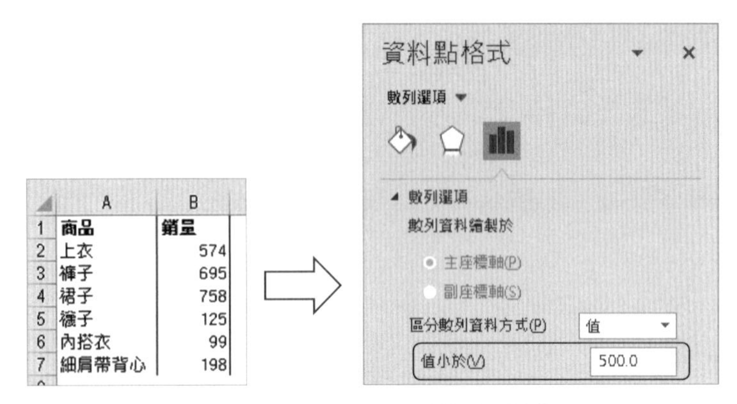

	A	B
1	商品	銷量
2	上衣	574
3	褲子	695
4	裙子	758
5	襪子	125
6	內搭衣	99
7	細肩帶背心	198

▲ 圖 6-16　子母圓形圖的分隔設定

大小數據不同類項時，用複合條圓形圖

製圖目標

1. 用圖表看出不同飲品和食品的銷售額百分比。
2. 使銷售額百分比較小的商品數據，也能清楚呈現。

結合製圖目標和數據後，我們發現「口香糖」、「洋芋片」等食品與「檸檬水」等飲品的類別不同，前者是零食類，後者是飲品類。因此，使用複合條圓形圖讓兩者有一個細微的區別，以表現出差異，如圖 6-17 所示。

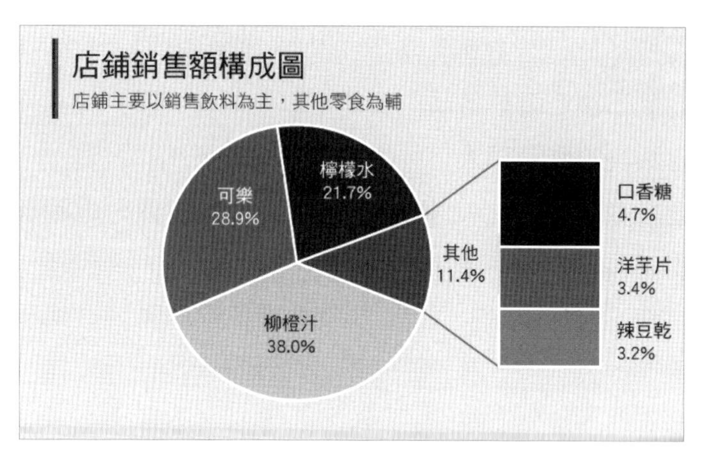

▲ 圖 6-17　用複合條圓形圖表現一組資料

圖 6-17 的複合條圓形圖的分隔設定如圖 6-18 所示，該操作可讓值小於「200.0」的數據，在直條圖中顯示。

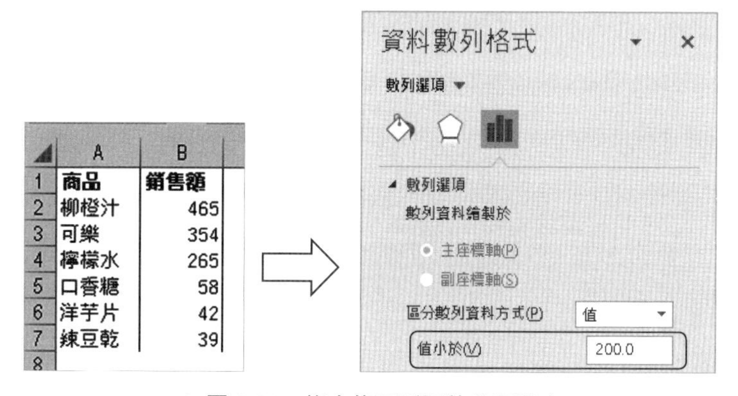

	A	B
1	商品	銷售額
2	柳橙汁	465
3	可樂	354
4	檸檬水	265
5	口香糖	58
6	洋芋片	42
7	辣豆乾	39
8		

▲ 圖 6-18　複合條圓形圖的分隔設定

小技巧——輕鬆調整複合圓形圖的間距、大小

在製作複合圓形圖時，我們可以在「資料數列格式」選單中設定圖表的間距和大小，如圖 6-19 所示。

1. 調整「類別間距」，讓母圓形圖與子圓形圖／母圓形圖與直條圖之間的間距增加或減少。
2. 調整「第二區域的大小」，來控制子圓形圖／直條圖的大小。

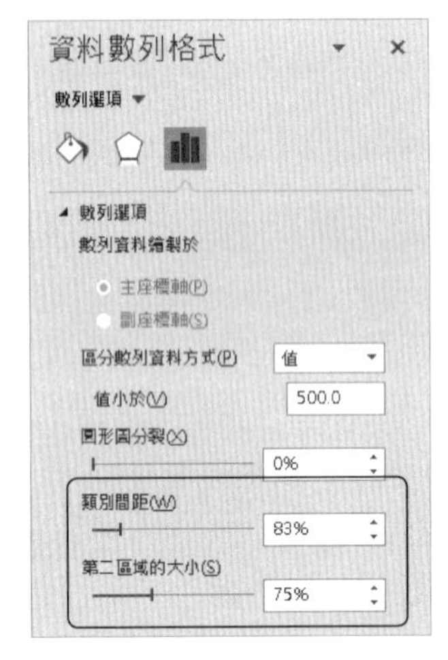

▲ 圖 6-19　設定複合圓形圖的間距、大小

6·4 用堆疊直條圖，多組數據也能輕鬆比較

表示多組數據的堆疊直條圖

在 Excel 中，我們可以將環圈圖變成多層環圈圖。但是不建議用來表示多組數據的百分比，因為多層圓環會使人難以看出百分比結構，此時用堆疊直條圖表示更為合適。

使用時機

在分析兩組以上的數據占比時（如 3 個月的產品銷量百分比、4 位業務員的業績百分比等），此時應使用百分比堆疊直條圖。在其每個資料數列中，百分比總和均為 100%，讀者可清晰地觀察到每組數據的占比。

製圖目標

1. 呈現第 1 季各電子產品的銷量情況。
2. 使讀者能分析出每個月各產品的銷量百分比。

根據分析，我們可製作出如圖 6-20 所示的百分比堆疊直條圖。每個月各產品的銷量百分比總和為 100%，讀者可由直條圖的結構，清楚看出每種產品的當月銷量占比為多少。

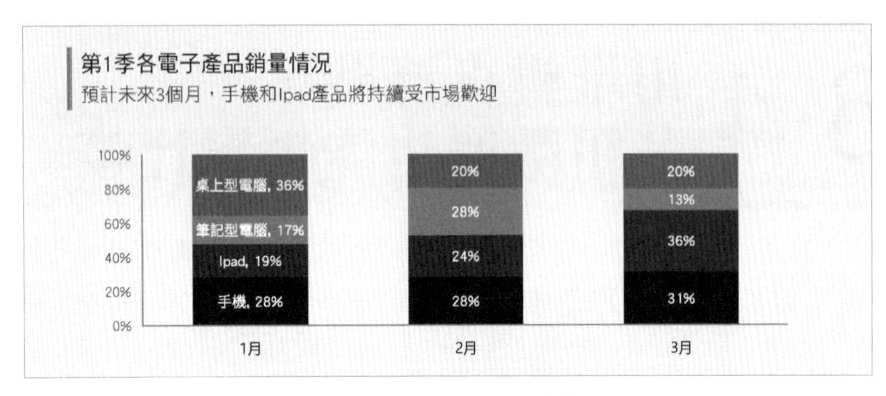

▲ 圖 6-20　百分比堆疊直條圖

百分比堆疊直條圖的做法很簡單，如圖 6-21 所示。選取輸入的原始數據後，按一下「百分比堆疊直條圖」，就可以成功建立，然後增加資料標籤並美化設計，就可快速完成圖表製作。

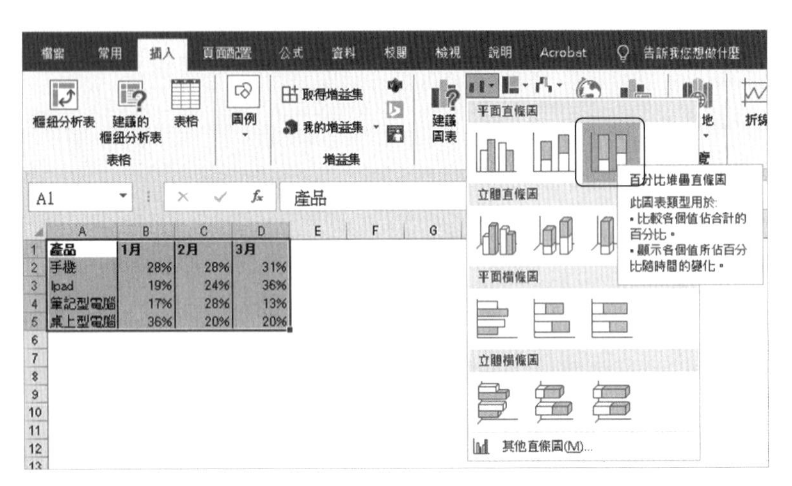

▲ 圖 6-21　建立百分比堆疊直條圖

比較兩組數據時的雙層環圈圖

如前文所提，一張圓形圖可呈現一組數據的百分比，百分比堆疊直條圖可呈現多組數據的百分比。但當圖表想強調的重點在對比百分比數據，且數據只有兩組時，我們可以考慮使用雙層環圈圖。

使用時機

當圖表需要同時滿足以下兩個條件時，使用雙層環圈圖來表示是首選。

1. 圖表需要對比兩組百分比，而且數據與時間相關時。
2. 每組數據都很完整。例如，呈現兩年內不同季的店鋪營業額百分比時，每一層圓環代表一整年的數據。這是因為環圈首尾相連，其整體性比堆疊直條圖更強。

製圖目標

用適當的圖表，表現出店鋪在兩年內不同季的營業額百分比。

根據目標與數據，我們製作出如圖 6-22 所示的雙層環圈圖，以呈現店鋪在不同季的營業額百分比。為了使雙層環圈圖的資訊更便於閱讀，如圖 6-22 所示，圖例可刪除。

此外設定資料標籤時，只選擇標註必要的文字在易讀的位置，例如將季別資訊顯示在外層環圈，而年份名稱只需顯示在右上角的環圈中。

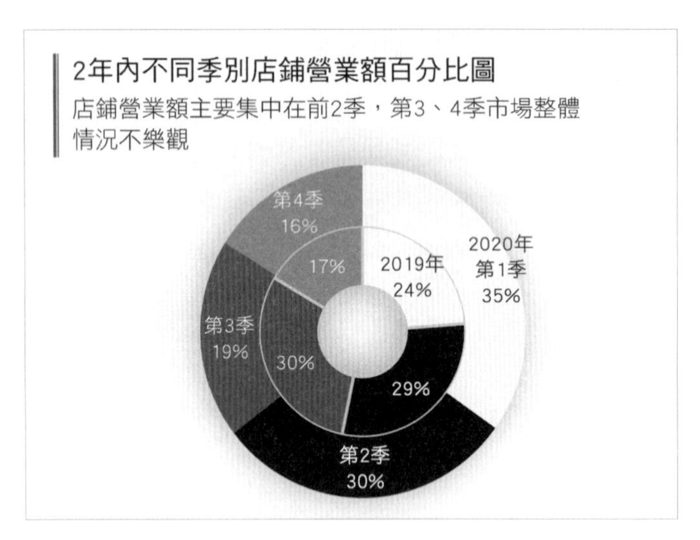

▲ 圖 6-22　用雙層環圈圖呈現分店營業額百分比

第 7 章

分析影響因素這樣做，把抽象圖素變得具體易懂！

我們可依據散佈圖中散點的位置變化，分析出 x 軸、y 軸所代表的兩個變數之關係，及它們的影響程度。

7-1 用散佈圖的 x 軸 y 軸，分析兩項因素的關係

分析數據時，單純從數字探索規律的難易度，排序依次是：比較數據大小＜分析數據發展趨勢＜找出數據之間相互影響的關係。

在探索數據之間的相互關係時，用圖表做視覺化分析是最佳手段，經由視覺化的圖形元素，可一目了然地觀察到兩項或三項因素之間的關係、各因素的影響程度及關鍵的影響因素。

觀察散佈圖中散點的相關性

使用時機

分析兩個變數之間的關係，並判斷兩者之間是否相互影響及影響程度如何時，可使用散佈圖。

散佈圖也稱 x、y 散佈圖，座標軸中的數據點位置，由 x 軸和 y 軸的值共同決定。讀者可根據同一組散點的位置變化，分析出 x 軸、y 軸代表的兩個變數之間的關係，及它們的影響程度。

首先，我們可以利用散佈圖判斷變數之間有沒有相關性、有哪種相關性。當 x 軸的值變化時，y 軸的值有 4 種情況，即同步變化（正相關）、反向變化（負相關）、幾乎保持不變或隨機波動（不相關），如圖 7-1 到圖 7-4 所示。

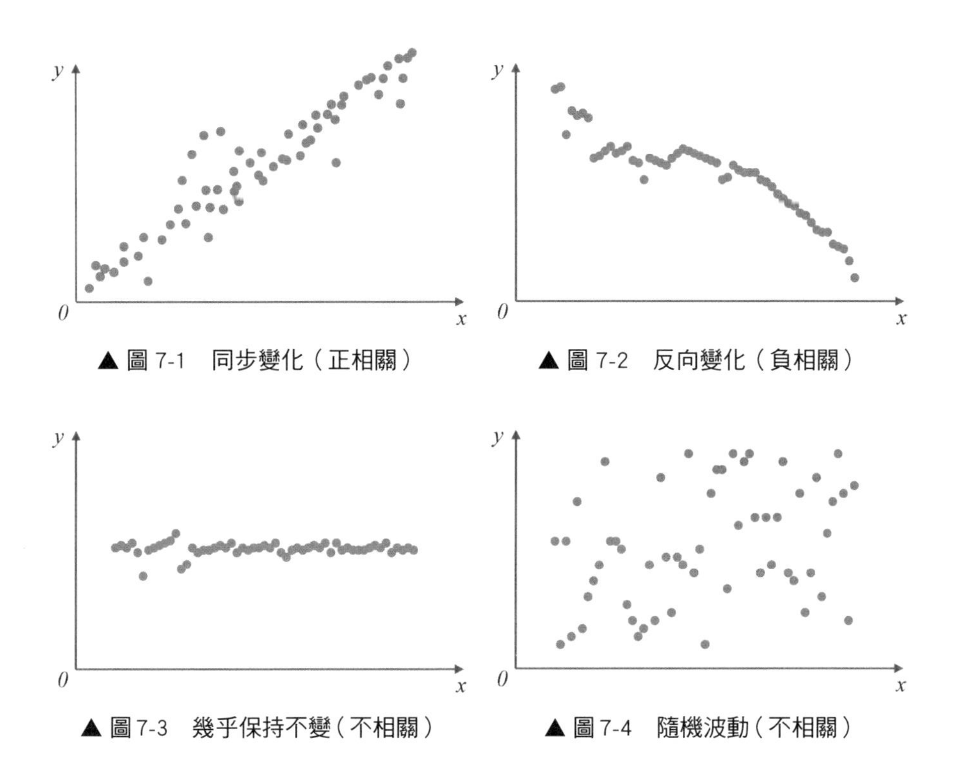

▲ 圖 7-1 同步變化（正相關）

▲ 圖 7-2 反向變化（負相關）

▲ 圖 7-3 幾乎保持不變（不相關）

▲ 圖 7-4 隨機波動（不相關）

其次，我們可判斷出變數之間相關性的強弱程度，如圖 7-5 和圖 7-6 所示，隨著 x 軸的值的變化，y 軸的值會出現兩種情況，即緊密陡峭地變化（相關性強）、零散緩慢地變化（相關性弱）。

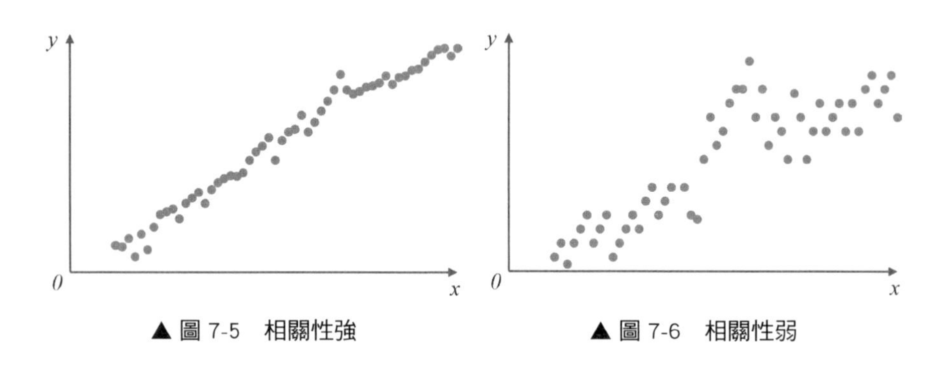

▲ 圖 7-5　相關性強

▲ 圖 7-6　相關性弱

有些變數之間除了有一定強弱的相關性，還可能有特定的相關關係，如圖 7-7 的散點形態，呈「線性變化」趨勢（線性相關），而圖 7-8 的散點形態，則呈「指數變化」趨勢（指數相關）。

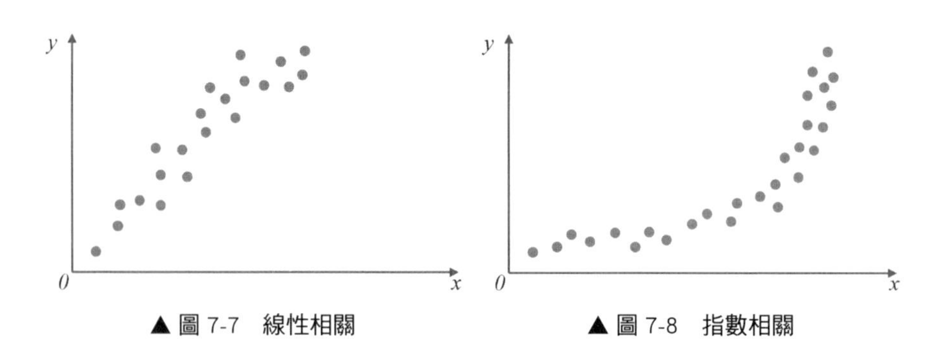

▲ 圖 7-7　線性相關

▲ 圖 7-8　指數相關

散佈圖＋趨勢線的組合

製圖目標

1. 用適當的圖表呈現兩種產品的售價及銷量關係。
2. 使讀者能快速分析售價對銷量的影響。

依據製圖目標，做出如圖 7-9 所示的散佈圖。圖中不同顏色的散點分別代表 A 產品、B 產品。讀者根據散點的趨勢可知，B 產品的銷量隨著售價增加而增加，A 產品的銷量隨著售價增加而減少。

為了更清楚看出分析售價與銷量之間的相關性，我們為散佈圖增加線性趨勢線，藉由分析趨勢線，明顯判斷出趨勢。

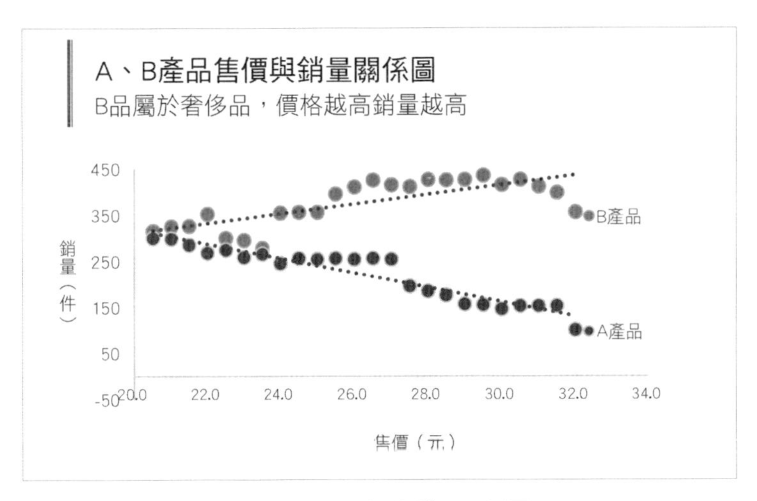

▲ 圖 7-9　售價與銷量關係圖

散佈圖的製作關鍵點，包括原始資料的設定、座標軸邊界值的設定、散點顏色和大小的設定，方法如下。

製圖步驟

Step 1 做出散佈圖，如圖 7-10 所示。

① 選取 A、B 產品的數據，圖中的 4 欄數據分別代表 A 產品、B 產品、x 軸和 y 軸的值。

② 將工具列切換到「插入」選項下。

③ 選擇「散佈圖」圖表。

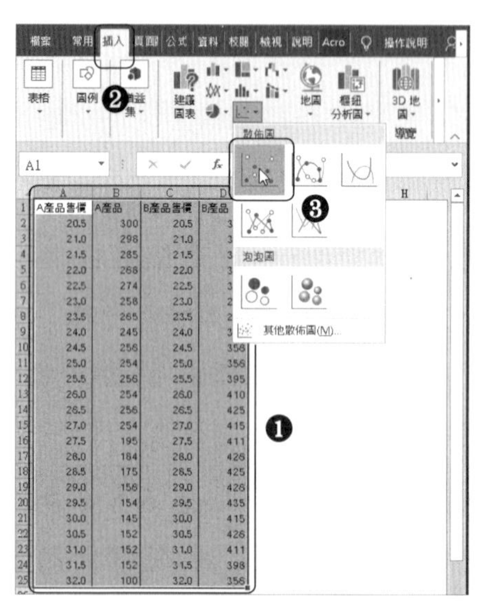

▲ 圖 7-10　做出散佈圖

Step 2 設定 x 軸邊界值，如圖 7-11 所示。

① 點兩下 x 軸。

② 在「座標軸格式」下點選「座標軸選項」按鈕。

③ 設定座標軸的範圍，該範圍與散點中 x 軸的最大值和最小值接近即可，目的是讓散點儘量充滿圖表空間。

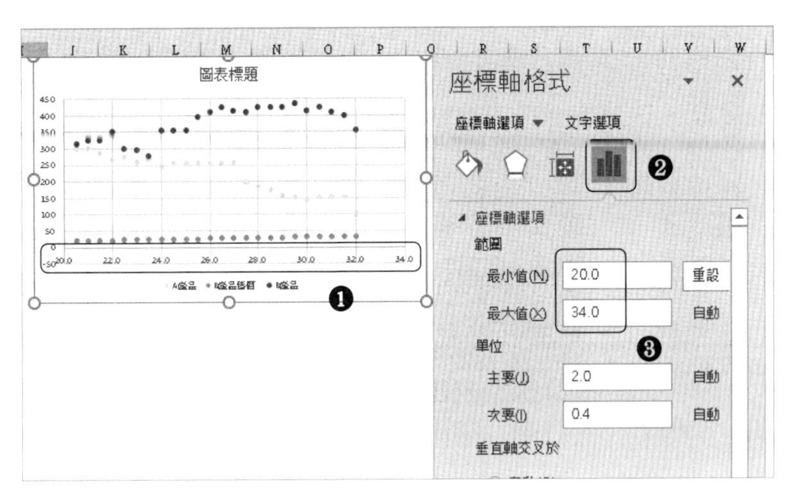

▲ 圖 7-11　設定 x 軸邊界值

Step 3 設定 A 產品散點格式，如圖 7-12 所示。

① 選取 A 產品的散點，將「資料數列格式」表單切換到「標記」選單下。

② 設定「標記選項」，點選「實心填滿」。

③ 選擇一種散點填滿色。

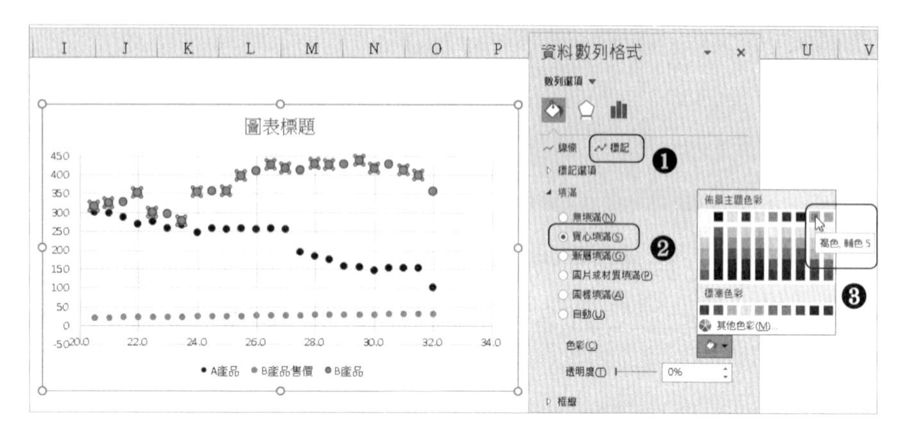

▲ 圖 7-12　設定 A 產品散點格式

Step 4 增加線性趨勢線，如圖 7-13 所示。

① 按一下「設計」選單下的「新增圖表項目」按鈕。

② 選擇「趨勢線」。

③ 選擇「線性」趨勢線。隨後分別選取 A、B 產品，即可增加趨勢線。

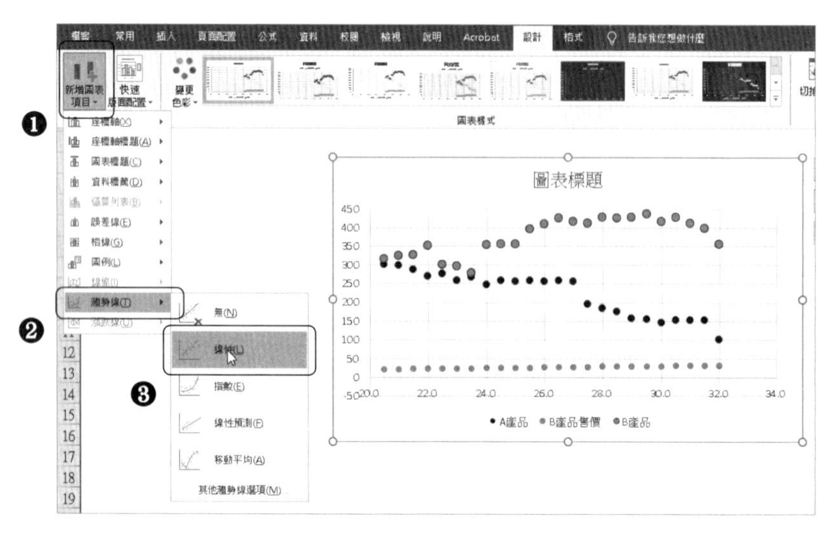

▲ 圖 7-13　增加線性趨勢線

圖像化的活潑散佈圖

我們也可用素材圖片填滿散佈圖中的資料數列，製作出活潑的散佈圖。如圖 7-14 的水果散佈圖，以柳丁和草莓表示消費者選購情況的數據，具體化呈現消費者選購水果的規律與月收入、月消費之間的關係，能更清楚地將圖的含意傳達給讀者。

該圖表的製作方法很簡單，即複製水果素材圖片，並將其貼上至散點中即可。

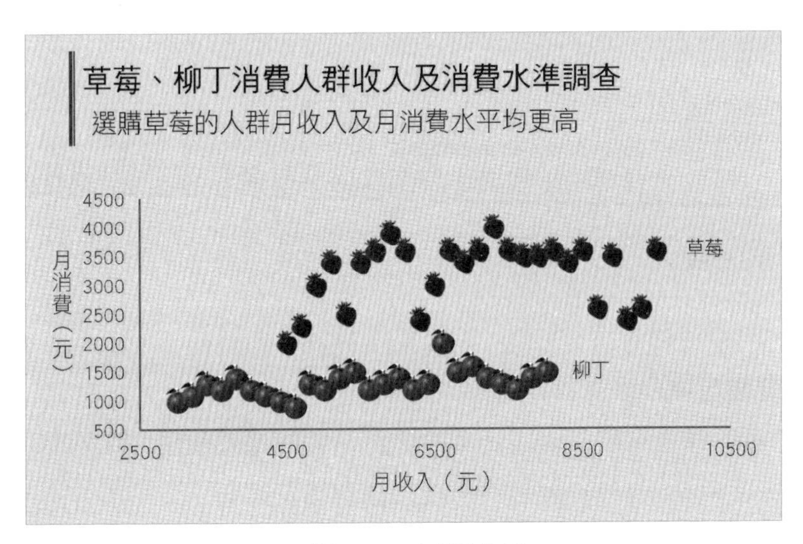

▲ 圖 7-14　水果散佈圖

7·2 用泡泡圖，分析 3 項因素的數據

散佈圖中數據點的位置，由 x 軸和 y 軸的值共同決定，它們代表兩個變數。而泡泡圖是散點的變體，泡泡圖中的變數不僅有 x 軸和 y 軸的值，還包括「氣泡大小」這個維度的變數，故泡泡圖可用來分析三個變數間的關係。

使用時機

當我們分析三個變數之間的關係，並判斷它們如何相互影響時，可用泡泡圖。

製圖目標

用適當的圖表，展示網店商品的流量、收藏量及銷量之間的關係。

依據製圖目標，做出如圖 7-15 所示的泡泡圖，從圖中可以發現，隨著流量增加，商品的收藏量也在增加；隨著流量和收藏量增加，商品的銷量也在增加。

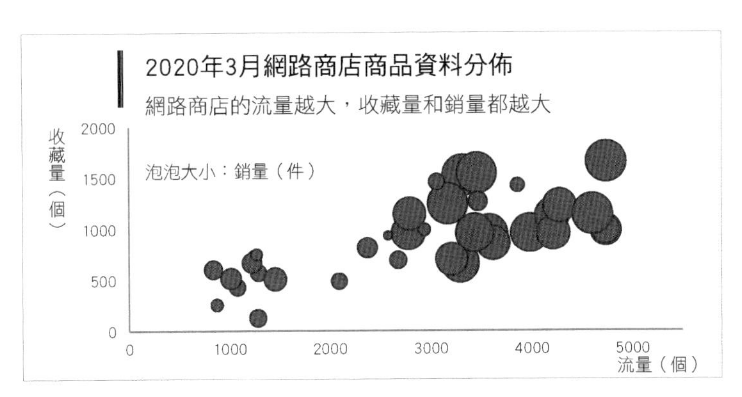

▲ 圖 7-15　網店商品的流量、收藏量、銷量關係圖

泡泡圖的製作方法與散佈圖類似，只不過應避免使泡泡圖中的氣泡太大、太多，否則大氣泡充滿於圖表中，會使圖表訊息難以清楚傳達。製作泡泡圖的方法如圖 7-16 所示。

製圖步驟

1. 選取代表三個變數的三欄數據。
2. 插入泡泡圖。

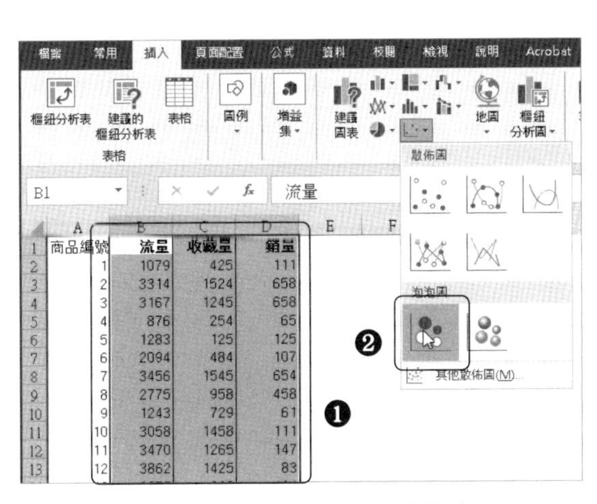

▲ 圖 7-16　製作泡泡圖的方法

接下來只要調整座標軸的值，並對圖表做細節美化，就可以完成圖表製作。

小技巧——如何調整泡泡圖的各項數據？

泡泡圖有三個變數，在我們選中三欄數據建立泡泡圖後，會出現 x 軸、y 軸、氣泡大小三個維度的數據，並不符合實際製圖需求。

此時可重新編輯資料，打開「選擇資料來源」對話框，點選「編輯」後出現「編輯數列」視窗，就可以在如圖 7-17 所示的對話框中，重新編輯 x 軸、y 軸和氣泡大小代表的數據。

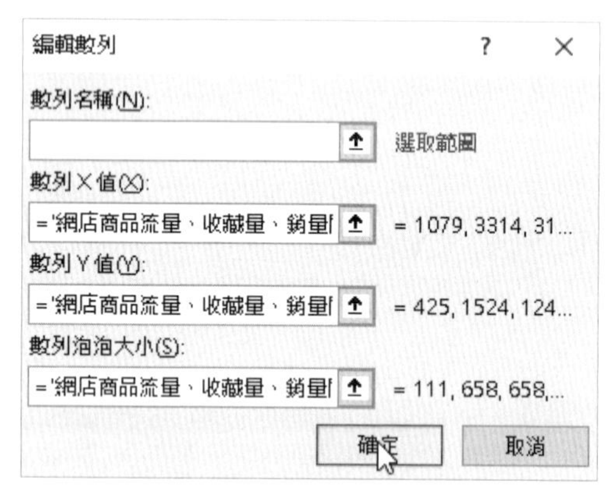

▲ 圖 7-17　調整泡泡圖數列

7-3 用麥肯錫的瀑布圖，各因素的關係不再複雜

瀑布圖是麥肯錫公司創作的圖表，以類似瀑布形狀的圖表，來呈現數量的變化過程。我們可經由這類圖表，來分析不同因素是如何影響數量變化，以及其影響程度有多大。

使用時機

1. 當我們想分析數據受到哪些因素影響，以及各因素的影響程度如何時，可用瀑布圖。例如，瀑布圖可用於分析商品在銷售過程中，價格和銷量對實際收入的影響。
2. 當想看出數量的變化過程時，我們可使用瀑布圖。例如，月初與月底店鋪銷量變化的瀑布圖，會呈現一個月期間內對銷量有影響的因素，利用它可分析數值的增減關係，並找出銷量變化的規律。

製圖目標

1. 看出商品在銷售過程中受價格、銷量、人員、物料等因素影響的最終實際收入。
2. 使圖表呈現各因素是如何影響商品銷售收入。
3. 使讀者看到預計收入到實際收入的變化過程。

我們根據目標，做出如圖 7-18 所示的瀑布圖，從圖中可看到價格、人員、物料是負面影響因素，銷量是正面影響因素，而且負面影響因素的影響程度比正面影響因素大，因此實際收入是低於預計收入的。

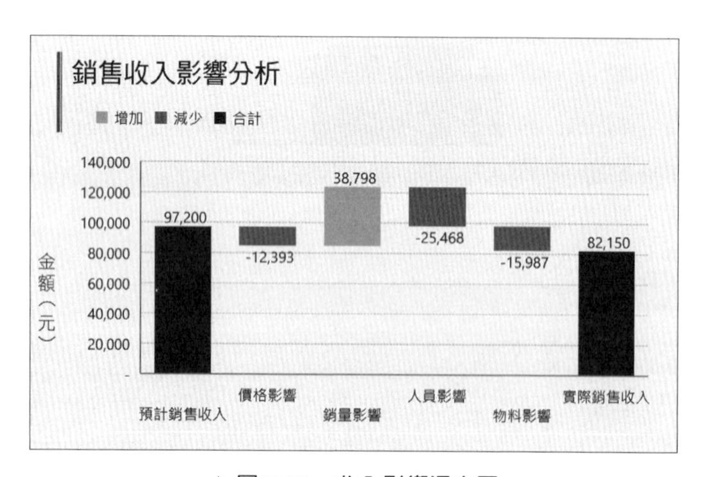

▲ 圖 7-18　收入影響瀑布圖

在這張圖中，我們還能看到預計收入是如何經過一系列因素的影響，變化到實際收入的，製圖步驟如下。

製圖步驟

Step 1 插入瀑布圖，如圖 7-19 所示。

① 選取數據。

② 按一下「瀑布圖」按鈕。

▲ 圖 7-19　插入瀑布圖

Step 2 設定總計數據，如圖 7-20 所示。選取瀑布圖中的合計數據，即「實際銷售收入」數據後，點右鍵，選擇「設為總計」。再用同樣的方法將「預計銷售收入」數據設為總計，即可完成此圖。

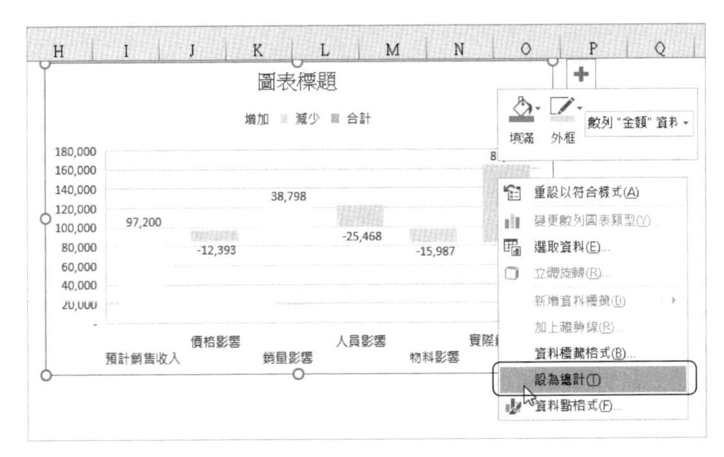

▲ 圖 7-20　設定總計資料

用堆疊直條圖製作瀑布圖，讓細節更完美

我們在 Excel 2016 及以上版本中，可輕鬆插入瀑布圖，但是如果電腦中沒有安裝相應版本的 Excel 軟體，則可用堆疊直條圖來製作瀑布圖。用這種方法製作的瀑布圖，在細節設定上更靈活方便，可使瀑布圖的表達更明確。

製圖目標

1. 用適當的圖表展示 EBIT 的預算值和實際值。
2. 用圖表呈現預算值變化到實際值的過程，使讀者能判斷出企業的盈利情況。

依據製圖目標，做出圖 7-21。此圖具備瀑布圖的效果，並且用 x 軸上的標籤做出分類，使讀者可以清楚地區分 EBIT 預算值及影響因素，以及最後的 EBIT 實際值。

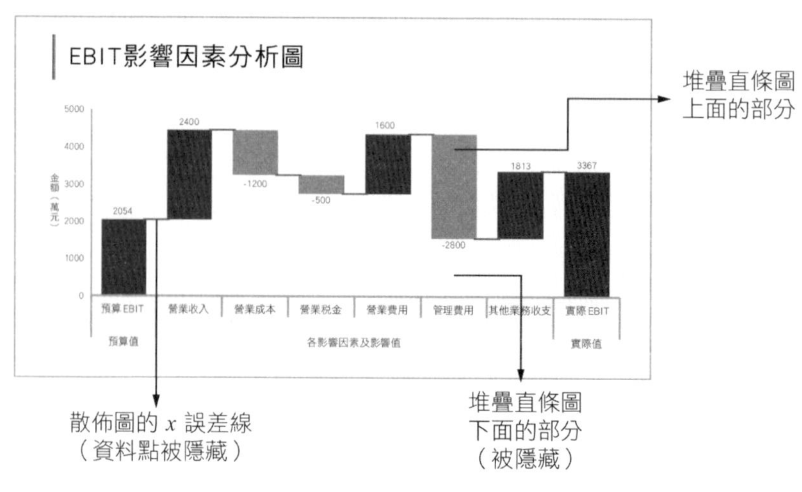

▲ 圖 7-21　EBIT 影響因素分析圖

讀者可動手嘗試這個瀑布圖的進階版，製作思路是：將堆疊直條圖作為圖表的「瀑布」，同時將下層不需要的部分隱藏；將散佈圖的 x 誤差線作為圖中的引導線，以強調每項因素影響後的結果值。

漏斗圖也可以呈現變化過程

顧名思義，漏斗圖是漏斗形狀的圖表，如圖 7-22，我們經由對它由上往下的圖形，可看到事件推進過程中的每個環節、每項影響因素，以及各環節、因素影響下的最終數量。這種圖表不僅方便讀者分析流程，還能看出各環節或因素作用的強弱。

重點速記——瀑布圖與漏斗圖的區別

與瀑布圖不同的是，漏斗圖從上到下有嚴格的邏輯關係，因此適合用來表現有順序的事件。例如，網路商店流量與商品成交量的關係：從搜尋引擎人數 ➔ 首頁流量 ➔ 商品詳情頁流量 ➔ 購買人數 ➔ 付款人數，可呈現網路商店從流量與商品成交的數據變化。

製圖日標

1. 用適當的圖表，呈現網路商店從流量與商品成交的數據變化。
2. 經由圖表來判斷哪個環節對成交率的影響最大。

根據製圖目標，製作出如圖 7-22 所示的漏斗圖，從圖表中可觀察到流量在網路商店中，流動過程及流量減少的具體情況。更重要的是，發現流量在「商品詳情頁」到「購買人數」這個環節中急劇減少，但是從「搜尋引擎」到「商品詳情頁」的流量變化不大。

由此可知，客戶對商品是感興趣的，因此會點擊進入商品詳情頁，但是商品詳情頁的描述無法說服客戶，促使他們去購買商品，這是網路商店成交率不高的重要原因。因此網路商店應加強商品詳情頁的說服力，以增加購買人數。

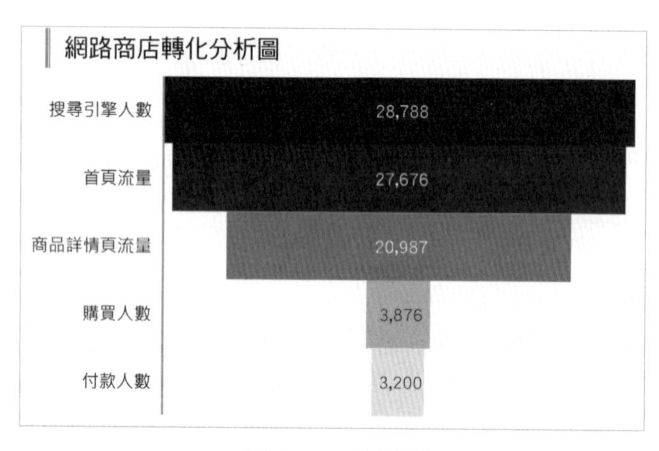

▲ 圖 7-22　漏斗圖

7·4 用敏感性分析圖，把抽象的影響因素變具體

在經濟分析中，我們常常用到敏感性分析法。「敏感」指的是「因素發生較小幅度的變化，能引起指標較大的變動」。其原理是找到可能影響的多項因素，並分析每項因素的影響程度和敏感程度，以便對各因素做客觀判斷。

具體的分析步驟是，確定需要分析的指標、列出確定的因素、計算每個不確定因素的波動幅度，以及計算因素對指標的增減影響。

使用時機

根據敏感性分析法的步驟完成數據分析後，我們需要將數據列成表，然後進一步將表中數據製作成敏感性分析圖，這麼做能更清楚看出各項因素的影響。

製圖目標

用圖表呈現經營成本、投資額及產品價格對財務淨現值的影響。

根據製圖目標，將敏感性分析數據表製作成如圖 7-23。圖表可從以下兩方面做分析。

1. 斜率越大，影響因素越敏感，故圖 7-23 中，產品價格和經營成本，是兩項敏感性較強的影響因素。
2. 線與 x 軸的交點到原點的距離越近，相應的影響因素越敏感，故經營成本的敏感性比產品價格更大。

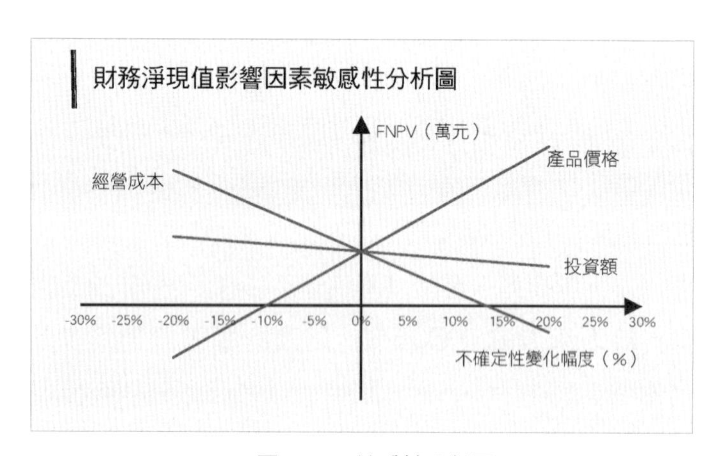

▲ 圖 7-23　敏感性分析圖

Excel 沒有專門的敏感性分析圖範本，不過我們可以將敏感性分析資料表製作成散佈圖，並隱藏散點，再為散佈圖增加趨勢線，就可以做出圖 7-23 的效果，步驟如下。

製圖步驟

Step 1 選取敏感性分析資料表中的數據，如圖 7-24 所示。將敏感性分析數據列在表中，並將 A2:H5 儲存格區域的數據插入散佈圖。

	A	B	C	D	E	F	G	H
1	各因素對評價指標的影響　單位：萬元							
2	不確定性變化幅度（%）	-0.2	-0.15	-0.1	0	0.1	0.15	0.2
3	投資額	7197	6822	6447	5697	4947	4572	4197
4	經營成本	14187	12064	9942	5697	1452	-671	-2793
5	產品價格	-5863	-2597	167	5697	11276	13991	16756

▲ 圖 7-24　選取數據

Step 2 增加線性趨勢線，如圖 7-25 所示。

① 選取「產品價格」散點，按一下「新增圖表項目」按鈕。

② 選擇「線性」選項，增加線性趨勢線。

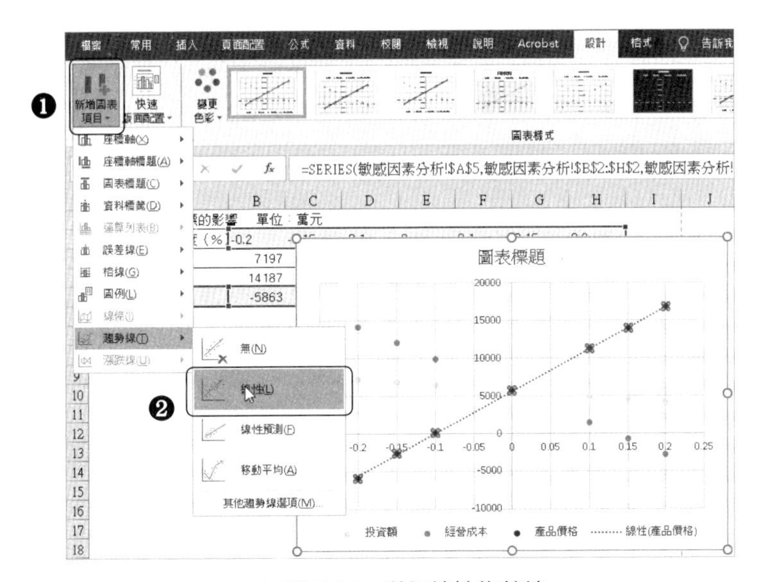

▲ 圖 7-25　增加線性趨勢線

Step 3 隱藏散點，如圖 7-26 所示。

① 選取「產品價格」散點，在「資料數列格式」下點選「標記」。

② 「標記選項」選擇「無」，隱藏散點。

接著用同樣的方法為其他因素增加線性趨勢線，並隱藏散點。

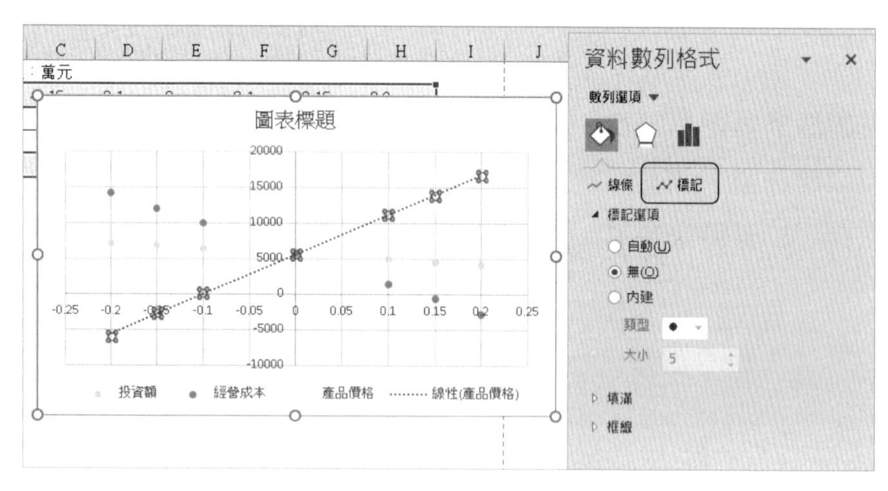

▲ 圖 7-26　隱藏散點

Step 4 設定座標軸箭頭格式。先設定座標軸的標籤格式為「無」，並隱藏標籤。之後的操作如圖 7-27 所示。

① 選取 y 軸。

② 在「座標軸格式」功能表中，結束箭頭類型選擇「箭頭」。之後用同樣的方法為 x 軸設定向右的箭頭。

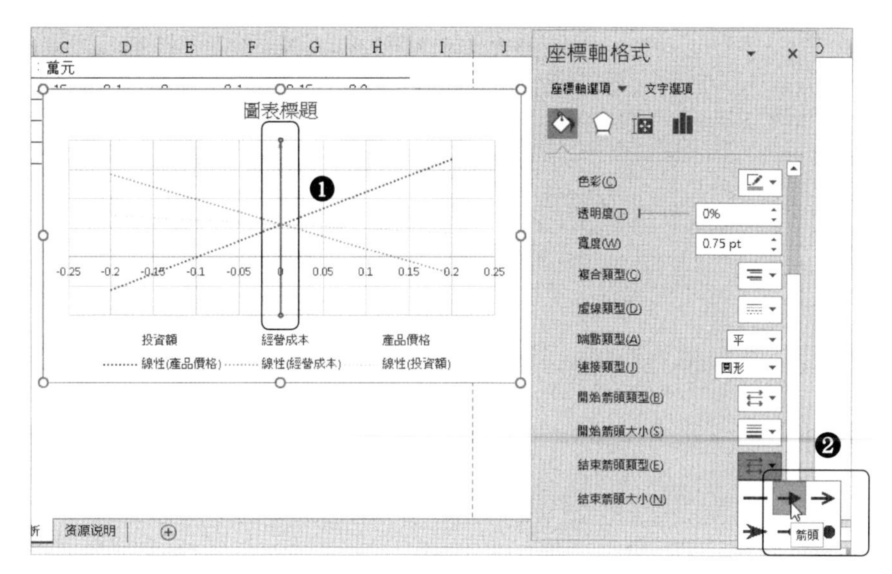

▲ 圖 7-27　設定座標軸箭頭格式

第8章

進度到哪了？就用這方法讓大家的工作不延遲！

常見的進度圖表使用時機包括：用環圈圖表示當前進度；用堆疊直條圖或堆疊橫條圖表示「未完成」和「已完成」。

8-1 用環圈圖表示進度圖，大家就能做好時間規劃！

各類雜誌、網頁常用環圈圖表示進度。這是因為環圈類圖表的封閉環圓，有 100%的含意，我們藉由設定填滿格式，能清楚表示當前的完成度。

使用時機

當需要強調某專案當前的完成度時，我們可使用環圈進度圖，還可以在環圈旁邊增加一條線（如圖 8-5），用它說明專案可用運作剩餘時間，以下我們先介紹簡單的做法。

簡單的環圈進度圖

環圈圖的設計特點是，一個完整的環圈可由多段弧線構成，每段弧線的填滿色、框線粗細均可單獨設計。利用環圈圖這種屬性，我們可以單獨將一段弧線加粗，並設定填滿色，以表示該專案的當前完成進度。

製圖目標

用適當的圖表呈現專案當前的完成度。

根據製圖目標，我們做出如圖 8-1 所示的環圈進度圖。圖 8-1 的含意是，該專案正在進行中，像一列正行駛於軌道上的火車，且目前行駛到 61％的位置。

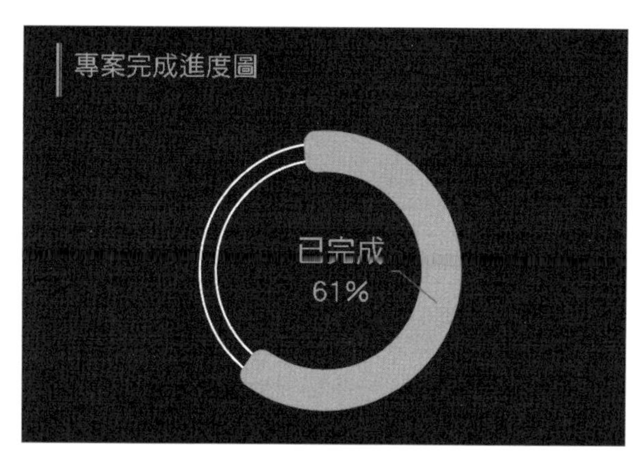

▲ 圖 8-1　簡單的環圈進度圖

製圖思路為，使輔助數據為 100％的完整環圈在主座標軸上顯示，使待完成數據和已完成數據組成另外一個環圈，並在副座標軸上顯示。之後隱藏待完成數據，設定已完成數據的弧形格式，詳細步驟如下。

製圖步驟

Step 1 做出待完成進度和已完成進度的環圈圖，如圖 8-2 所示。

① 選取數據。

② 插入環圈圖。

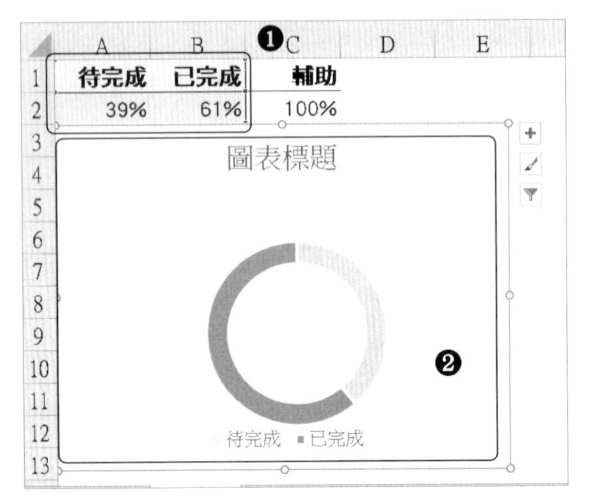

▲ 圖 8-2　做出待完成和已完成進度的環圈

Step 2 增加輔助數據，如圖 8-3 所示。

① 開啟「選取資料來源」對話框後，在「新增」選項下，勾選「輔助 100%」。

② 按一下「確定」按鈕。

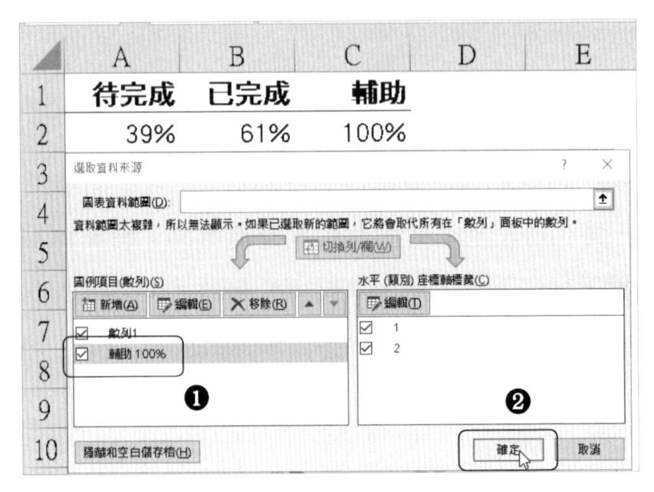

▲ 圖 8-3　增加輔助數據

Step 3 設定副座標軸數據，如圖 8-4 所示。

① 開啟「變更圖表類型」對話框，將「待完成」和「已完成」的資料數列設定在副座標軸上。

② 按一下「確定」按鈕。

此時，輔助資料會位於下層，接著設定弧形的填滿格式，即可完成這張簡單的專案完成進度圖。

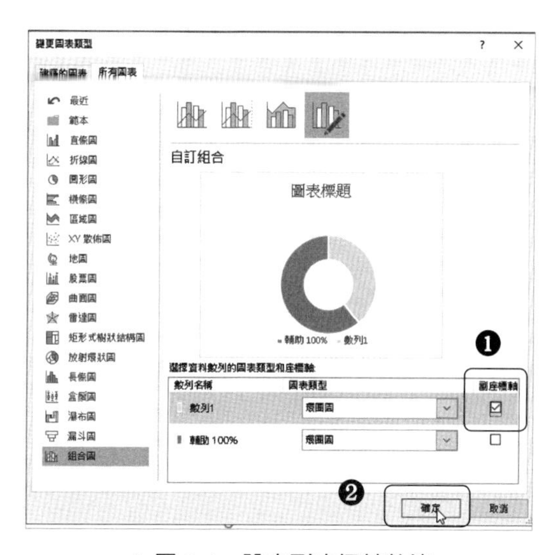

▲ 圖 8-4　設定副座標軸數據

此圖表也可以不使用輔助資料數列，只用一個環圈完成。具體方法為，將「待完成」的環圖設定為無填滿、有框線。再將「已完成」的環圖設定為有填滿，其框線粗細設定為 8pt 左右。這種方法比較簡單，但由於框線較粗，所以進度表示會顯得不夠精確。

複雜的環圈進度圖

由多層環圈組成的環圈圖，將弧形設定為「無填滿」、「無線條」格式，並讓填滿色和背景色相同，可呈現隱藏圓環某段弧線的效果。我們用這樣的思路，可製作出有時間線的環圈進度圖。

製圖目標

以圖表顯示專案完成進度及剩餘時間。

有時間線的環圈進度圖，以增加一層環圈並巧妙隱藏部分，來表示剩餘時間，如圖 8-5。既能看出當前專案的進度，又能看出專案可運作的剩餘時間。

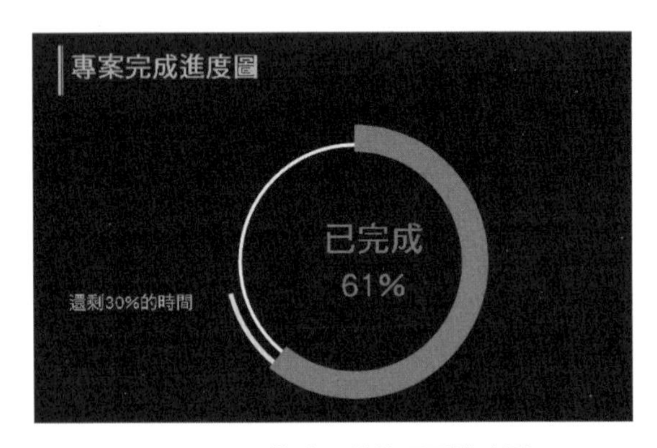

▲ 圖 8-5　帶時間線的環圈進度圖

製作該圖表時，應巧妙設定各環圈的層次及位置，並適當設定環圈的弧線填滿色及框線，才能發揮理想的效果，步驟如下。

製圖步驟

Step 1 設定環圈圖座標軸，如圖 8-6 所示。

① 將表格中的數據，設定為三層的環圈圖。

② 在「變更圖表類型」對話框中，將「項目」設定在副座標軸上。

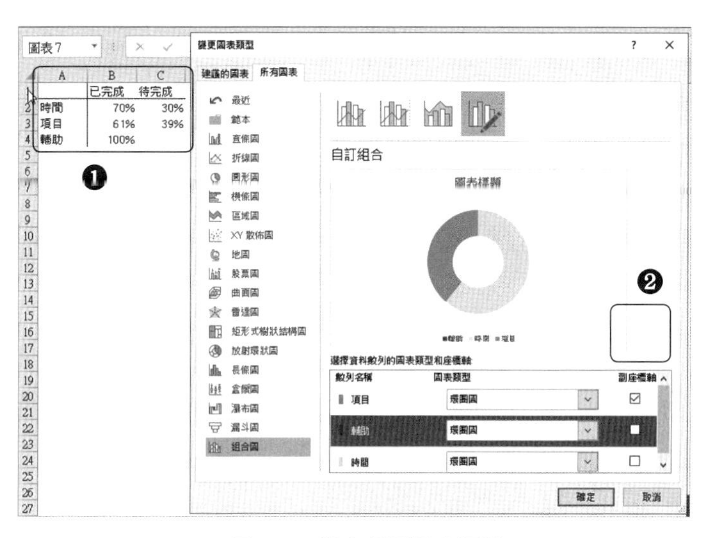

▲ 圖 8-6　設定環圈圖座標軸

將「已完成」弧形設定為「無填滿」、「無框線」格式。此時，環圈圖的組成結構如圖 8-7 所示。為了能準確選取要設定的環圈，我們可進入「數列選項」的表單做個別設定。

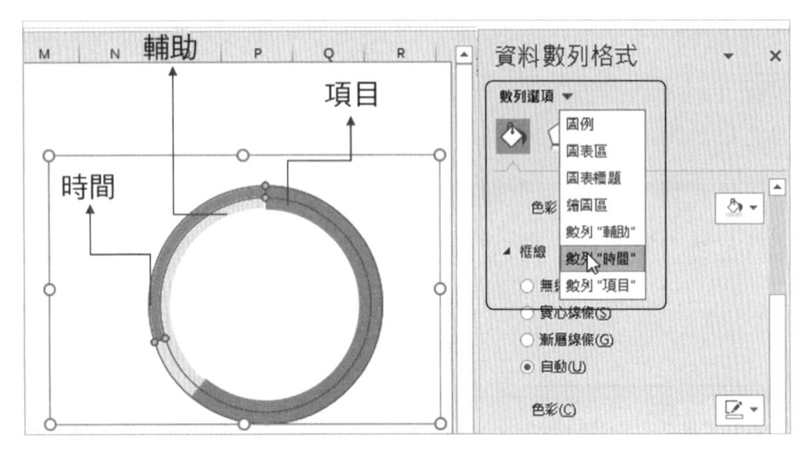

▲ 圖 8-7　環圈圖的組成結構

Step 2 設定「輔助」數據格式，如圖 8-8 所示。

① 將「輔助」的環圈設定為「實心填滿」，並將填滿色設定為淺灰色。

② 將框線格式設定為「實心線條」，並使其顏色和背景色一樣，寬度設定為「6pt」，此步驟會使「輔助」的圓環變細。

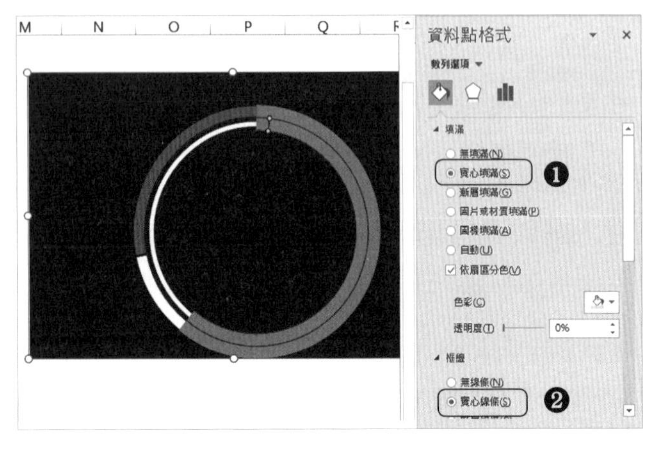

▲ 圖 8-8　設定「輔助」資料格式

Step 3 設定「時間」數據格式，如圖 8-9 所示。

① 設定「時間」環圈的填滿色。

② 設定框線格式。

此時「時間」環圈也變細。最後選取「已完成」的 70% 弧形，將其設定為「無填滿」格式，即可隱藏「時間」環圈不需要的部分。

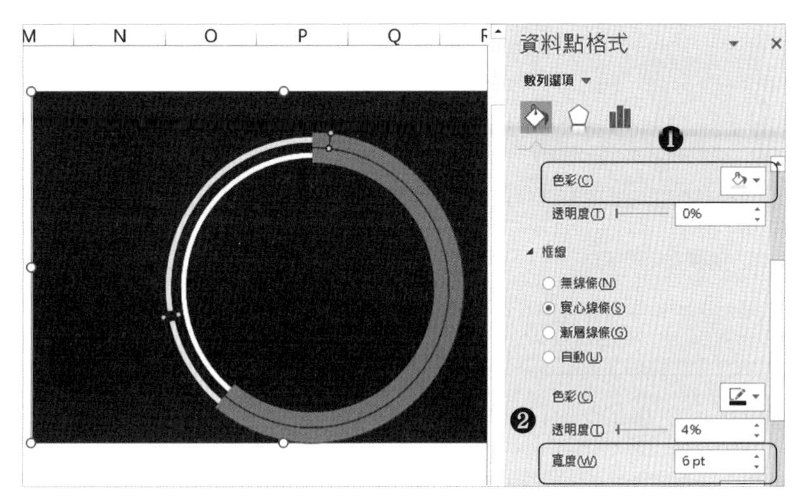

▲ 圖 8-9　設定「時間」環圈格式

小技巧——當有多層圓環時，改變圓環的位置

在製作有時間線的環圈進度圖時，「時間」環圈和「輔助」環圈的裡外位置，會大大影響圖表效果。

可在「選取資料來源」對話框中，選取相應的資料數列後，以「往上移」按鈕或「往下移」按鈕，來移動環圈的裡外位置，如圖 8-10 所示。

例如，圖中將「時間」資料數列的位置設定在最下層，因此圖表中的「時間」圓環會位於最外層。

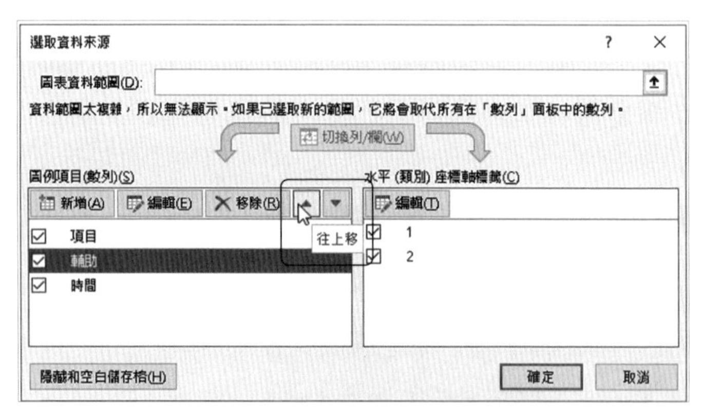

▲ 圖 8-10　改變環圈的裡外位置

8-2 結合 2 種圖，就能做出多個專案進度不漏接！

直條圖是用於呈現資料對比情況的優秀圖表，結合百分比堆疊直條圖的特性，可用於製作多專案進度對比圖。

使用時機

1. 圖表需要呈現多個專案的進度時。
2. 需要直接比較專案之間的進度情況時。

製圖目標

1. 用適合的圖表呈現不同部門的任務完成進度。
2. 使讀者能清楚對比各項進度。
3. 用圖表突出已完成的業績。

根據製圖目標，做出如圖 8-11 的任務完成進度圖。圖中的折線圖及資料標籤，可清楚看出各部門的銷售任務完成情況。柱條下方的填滿色較深，是為了強調已完成的業績。

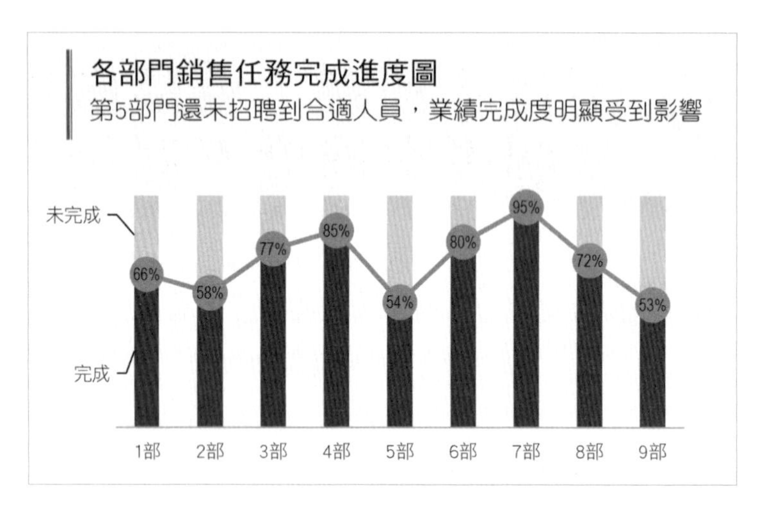

▲ 圖 8-11　各部門任務完成進度圖

本案例的圖表看似很複雜，製作方法其實很簡單，圖表的原始數據如圖 8-12 所示。

	A	B	C
1	部門	完成	未完成
2	1部	66%	34%
3	2部	58%	42%
4	3部	77%	23%
5	4部	85%	15%
6	5部	54%	46%
7	6部	80%	20%
8	7部	95%	5%
9	8部	72%	28%
10	9部	53%	47%

▲ 圖 8-12　圖表的原始數據

選取數據後插入圖表，圖表結構如圖 8-13 所示，「完成」數列和「未完成」數列，分別是堆疊直條圖的下半部和上半部。之後將「完成」數列製作成帶有資料標記的折線圖，並將其增加到圖表中，即可完成此圖。

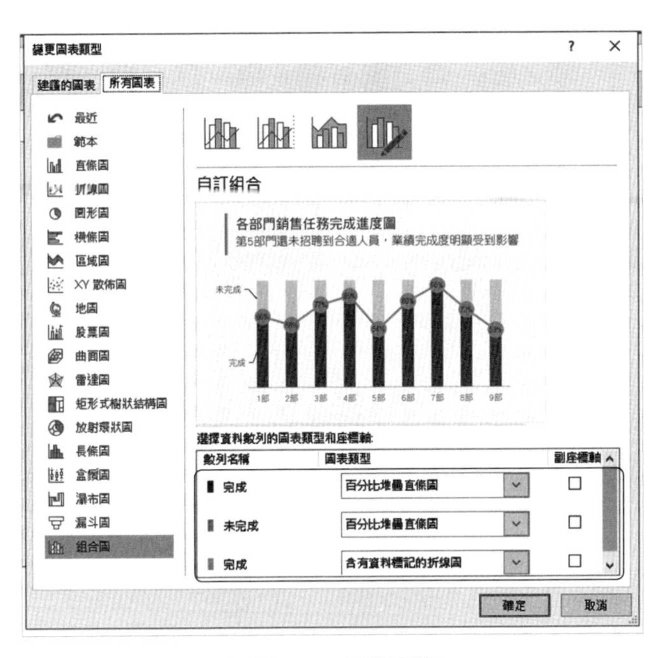

▲ 圖 8-13　圖表結構

除了直條圖的多個專案進度比較圖

除了堆疊直條圖之外，用環圈圖也可以製作多專案進度對比圖，如圖 8-14 所示，需要注意的有以下兩點。

1. 環圈進度圖的項目數應小於 4，否則圖表會太擁擠，進度也不易辨識。
2. 環圈圖的重點是「呈現」專案進度，而堆疊直條圖的重點是「對比」專案進度。設計上若抓住這個重點，圖表就能清楚明瞭。

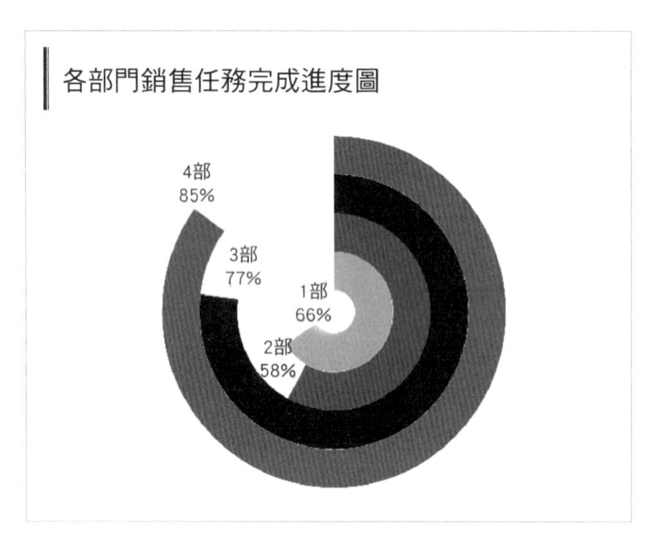

▲ 圖 8-14　用環圈圖做出多專案進度對比圖

另外，第 4 章講解過直條圖的副座標軸應用。在此我們可利用直條圖的特性，將兩個資料數列重疊，做出目標完成度對比的直條圖。

製圖目標

1. 表示各部門的銷售額完成進度。
2. 使讀者能以當前的目標完成進度做對比。

根據製圖目標，做出如圖 8-15 的目標完成度對比圖。我們可以從圖表中，明顯看出各部門的銷售額完成進度。圖 8-15 的重點，在於「實際銷售額」與「目標銷售額」的對比；而圖 8-11 的重點，在於各部門當前進度的對比。

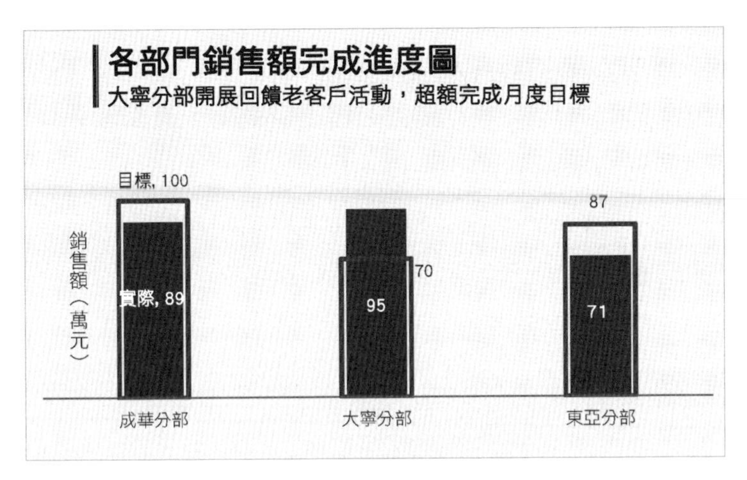

▲ 圖 8-15　目標完成度對比圖

8·3 用堆疊橫條圖，看出進度到哪個階段？

數據對於大腦來說是抽象的資訊，因此我們在製圖時要根據實際情況，讓數據具象化。前面提到用環圈圖、直條圖製作的進度圖，雖然能直接顯示當前的進度，如顯示進度為 61%，但是 61% 的進度究竟進展到哪一個階段？與其他專案的具體差距有多少？如何將這些問題具象化，都會在這一節中說明。

使用時機

當需要具體表示專案進度細節時，可用百分比堆疊橫條圖製作進度圖。

製圖目標

1. 用適當的圖表呈現不同平台的粉絲增加進度。
2. 以 200 為一個級距，用圖表呈現平台當前粉絲上升的階段。
3. 能從圖表細節上，看出各平台的粉絲數差距。

將群組橫條圖以 200 的數量進行分段後，各平台的粉絲增加進度變得更加具體、詳細，如圖 8-16 所示。

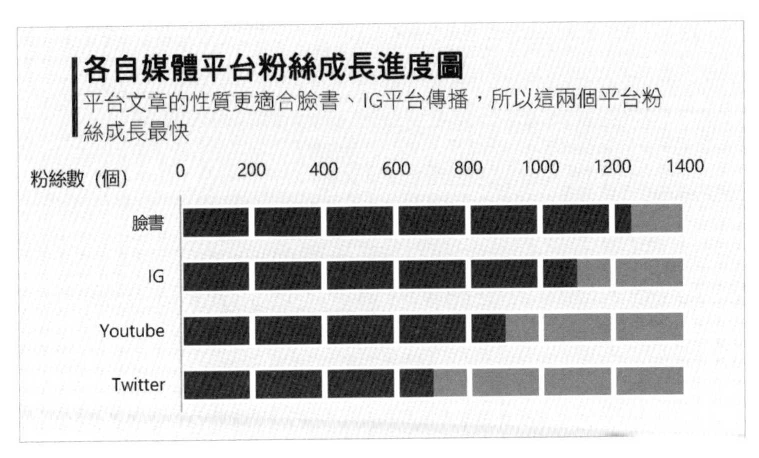

▲ 圖 8-16　各平台粉絲增加進度圖

圖 8-16 看上去是由百分比堆疊橫條圖製作而成，但其實是普通的群組橫條圖，以設定填滿格式的技巧所得到的效果。其製作思路為，設定好原始數據後，將「計畫」數列設定於主座標軸上、「實際」數列設定於副座標軸，再用不同顏色填滿兩個資料數列的橫條，並設定縮放數值，關鍵步驟如下。

製圖步驟

Step 1 設定組合圖表，如圖 8-17 所示。

① 在表格中輸入原始數據，並插入群組橫條圖。

② 打開「變更圖表類型」對話框，將「實際」數列設定在副座標軸上，其目的是讓「實際」數列位於「計畫」數列上層。

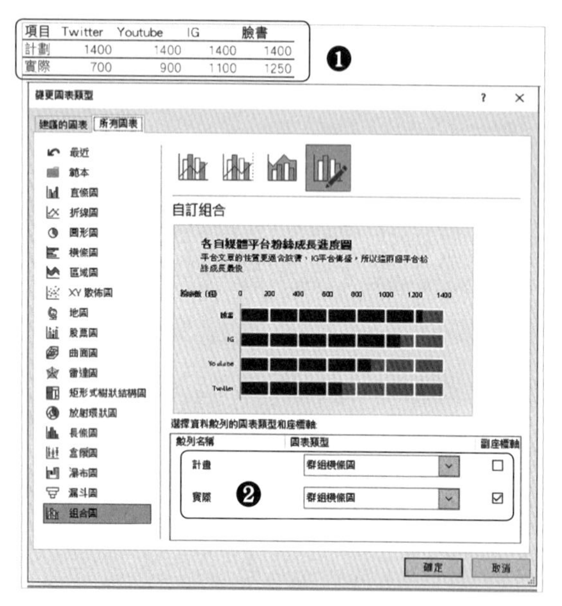

▲ 圖 8-17　設定組合圖表

Step 2 設定填滿格式，如圖 8-18 所示。

① 插入一個橫條，設定填滿色為淺灰色、圖案外框為白色、寬度為 3pt。

② 選取繪製的橫條，按「Ctrl + C」進行複製，再選取圖表中的「計畫」資料數列，按「Ctrl + V」貼上。此時，橫條圖被設定為圖片填滿格式。

③ 將填滿格式設定為「堆疊並縮放」，將「單位／圖片」設定為 200。如此一來，下層的「計畫」數列，就能以 200 為單位長度做出填滿效果。

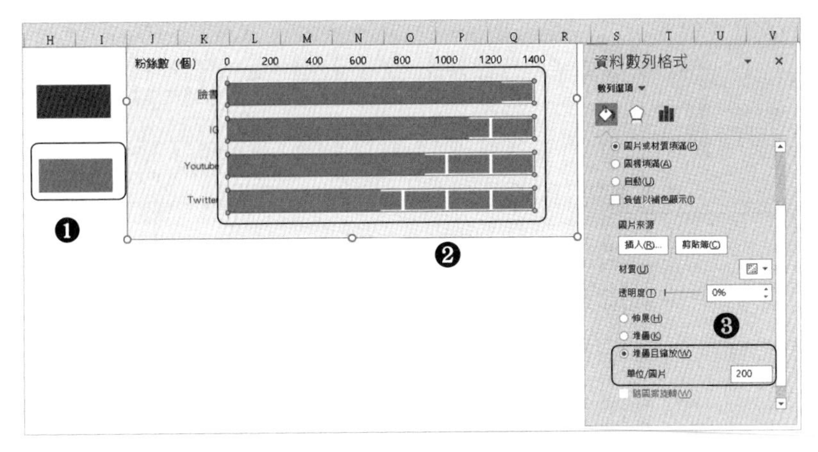

▲ 圖 8-18　設定填滿格式

之後複製淺灰色橫條，並將其填滿為另一種顏色，用同樣的方法將該色橫條複製－貼上到「實際」數列上，並設定以 200 為單位長度的填滿效果，即可完成本案例的圖表製作。

8·4 以子彈圖為例，你也能組合不同類型圖表做對比！

圖表中相同的形狀和顏色代表同一組資訊。因此，前面介紹的幾種圖表，通常用來呈現相同專案的進度。當專案類型不同時，我們很難用普通的圖表將資料視覺化。在特殊情況下，我們需要考慮使用組合圖表，即用不同顏色、不同類型的圖表來表示不同的專案進度。

使用時機

當需要呈現不同類型的專案進度時，我們可使用子彈圖。

製圖目標

1. 用適當的圖表呈現各部門業績的及格、良好、優秀情況。
2. 用圖表呈現實際完成進度和目標完成進度的差距。

根據製圖目標，做出如圖 8-19 的業績完成度圖。我們以橫條圖的不同填滿色，來對比不同部門的業績達標情況，再以箭頭與目標橫條間的距離，看出各部門的目標完成進度。

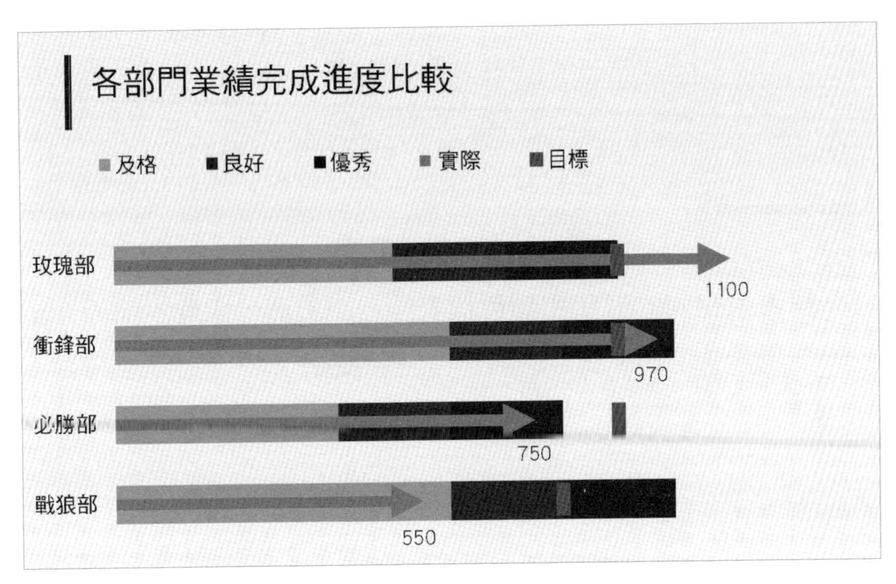

▲ 圖 8-19　用子彈圖表現不同部門的業績完成度

以上的組合圖表是由「百分比堆疊橫條圖」和「散佈圖」組成的，其製作困難點在於如何將散佈圖增加到百分比堆疊橫條圖中，以及如何將散佈圖的誤差線變成箭頭，關鍵步驟如下。

製圖步驟

Step 1 選取原始數據中的「及格」、「良好」、「優秀」儲存格及部門名稱，插入百分比堆疊橫條圖，如圖 8-20 所示。

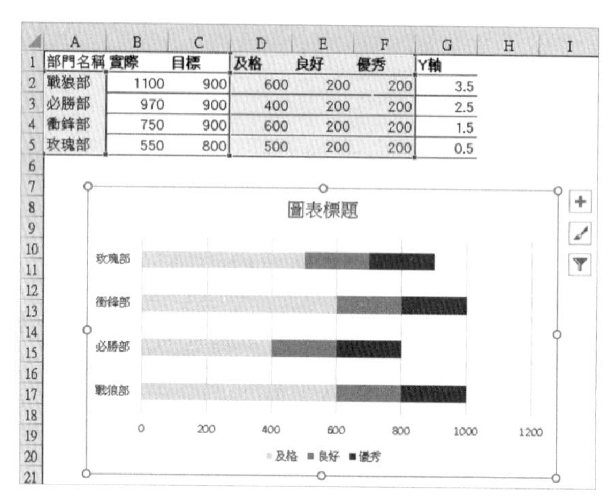

▲ 圖 8-20　插入百分比堆疊橫條圖

Step 2 增加數據，如圖 8-21 所示。打開「編輯數列」對話框，在「數列值」中同時選擇 B2:B5 和 G2:G5 儲存格。

該操作的目的是將「實際」數據拉進來，其中 G2:G5 儲存格區域的數據，是散佈圖的 y 軸座標。接著用同樣的方法，將「目標」數據也增加進來。

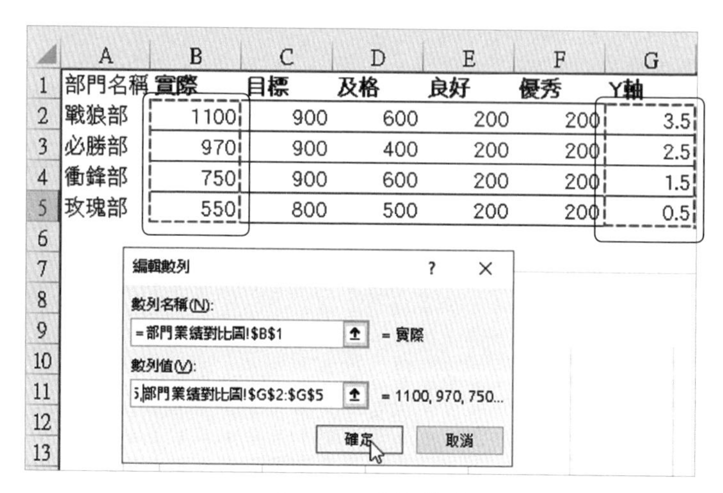

▲ 圖 8-21　增加數據

Step 3 設定圖表類型，如圖 8-22 所示，分別設定數列的圖表類型。

需要注意的是，在完成類型設定後，如果圖表效果不理想，我們就需要打開「選取資料來源」對話框，重新選擇「實際」散佈圖和「目標」散佈圖的儲存格。

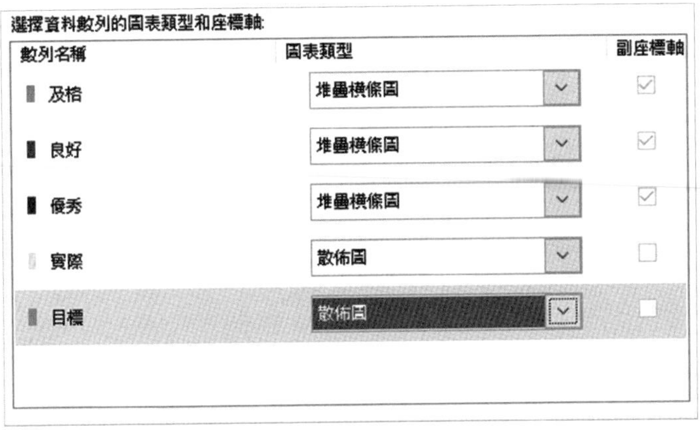

選擇資料數列的圖表類型和座標軸:

數列名稱	圖表類型	副座標軸
及格	堆疊橫條圖	☑
良好	堆疊橫條圖	☑
優秀	堆疊橫條圖	☑
實際	散佈圖	☐
目標	散佈圖	☐

▲ 圖 8-22　設定圖表類型

Step 4 設定誤差線，如圖 8-23 所示。

① 為「實際」散佈圖增加「負差」誤差線。

② 在「誤差量」選項下設定誤差資料。

③ 選擇表格中的「實際」數據，即 B2:B5 儲存格區域為誤差值。

接下來我們只需要將誤差線設定成箭頭，再完善圖表的其他細節，就可以完成這張多指標進度圖。

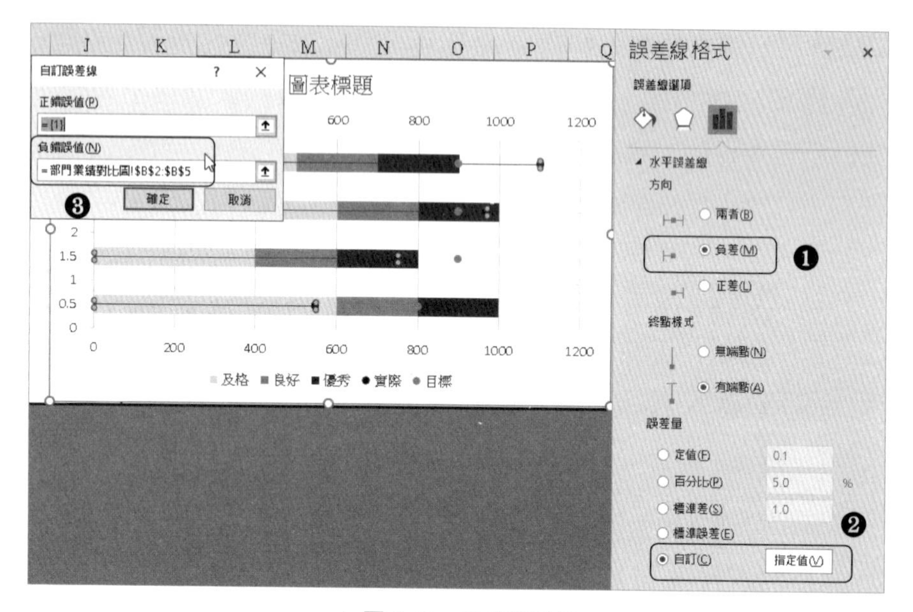
J
K
L
M
N
O
P
Q
自訂誤差線
正錯誤值(P)
={1}
負錯誤值(N)
=部門業績對比圖!$B$2:$B$5
確定
取消
圖表標題
600
800
1000
1200
2
1.5
1
0.5
0
0
200
400
600
800
1000
1200
及格
良好
優秀
實際
目標
誤差線格式
誤差線選項
水平誤差線
方向
兩者(B)
負差(M)
正差(L)
終點樣式
無端點(N)
有端點(A)
誤差量
定值(F)
0.1
百分比(P)
5.0
%
標準差(S)
1.0
標準誤差(E)
自訂(C)
指定值(V)

▲ 圖 8-23　設定誤差線

視覺圖表筆記

視覺圖表筆記

視覺圖表筆記

國家圖書館出版品預行編目（CIP）資料

一圖秒懂最強 Excel 商用圖表（實用基礎版）：讓圖自己會說話，1 秒內表達重點！／龍逸凡，王冰雪作.
-- 新北市：大樂文化有限公司，2021.04
224 面；17×23 公分. --（優渥叢書BUSINESS；075）

ISBN 978-986-5564-21-6（平裝）

1. EXCEL（電腦程式）

312.49E9 110004500

BUSINESS 075

一圖秒懂最強 Excel 商用圖表（實用基礎版）

讓圖自己會說話，1 秒內表達重點！

作　　者／龍逸凡、王冰雪
封面設計／蕭壽佳
內頁排版／思　思
責任編輯／林育如
主　　編／皮海屏
發行專員／呂妍蓁、鄭羽希
會計經理／陳碧蘭
發行經理／高世權、呂和儒
總編輯、總經理／蔡連壽

出 版 者／大樂文化有限公司（優渥誌）
地址：新北市板橋區文化路一段 268 號 18 樓之1
電話：（02）2258-3656
傳真：（02）2258-3660
詢問購書相關資訊請洽：2258-3656
郵政劃撥帳號／50211045　戶名／大樂文化有限公司

香港發行／豐達出版發行有限公司
地址：香港柴灣永泰道 70 號柴灣工業城 2 期 1805 室
電話：852-2172 6513　傳真：852-2172 4355

法律顧問／第一國際法律事務所余淑杏律師
印　　刷／韋懋實業有限公司

出版日期／2021 年 4 月 26 日
定　　價／300 元（缺頁或損毀的書，請寄回更換）
I S B N　978-986-5564-21-6

優渥叢書